做事先做人

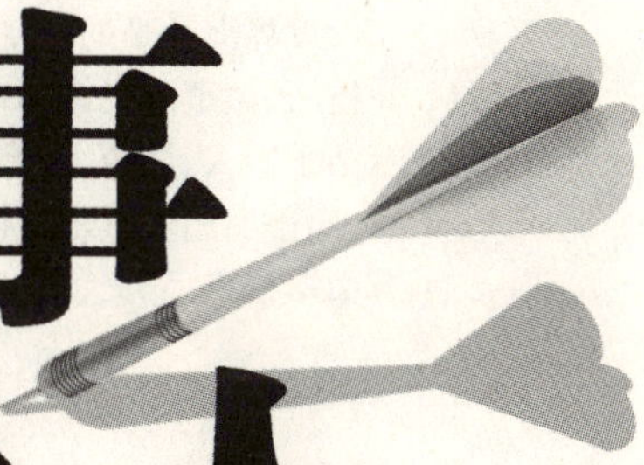

郑 斌◎编著

国家一级出版社 中国纺织出版社 全国百佳图书出版单位

内 容 提 要

世界上最难的两件事：一是做人，二是做事。做人的法则和技巧，做事的规律和窍门，是成就人生的资本。本书提炼和总结了做人、做事两个方面的诸多哲理和技巧，力求精炼达意、简单实用。其像标杆一样指导读者如何在做人、做事两个方面审视自己、完善自己，从而使人生实现质的飞跃。

图书在版编目（CIP）数据

做事先做人／郑斌编著．—北京：中国纺织出版社，2017．12（2018.9重印）

ISBN 978-7-5180-4457-3

Ⅰ．①做… Ⅱ．①郑… Ⅲ．①成功心理—通俗读物 Ⅳ．①B848．4-49

中国版本图书馆 CIP 数据核字（2017）第 313511 号

责任编辑：闫　星　　特约编辑：王佳新　　责任印制：储志伟

中国纺织出版社出版发行

地址：北京市朝阳区百子湾东里 A407 号楼　邮政编码：100124

销售电话：010—67004422　传真：010—87155801

http://www.c-textilep.com

E-mail:faxing@c-textilep.com

中国纺织出版社天猫旗舰店

官方微博 http://weibo.com/2119887771

天津千鹤文化传播有限公司印刷　各地新华书店经销

2017 年 12 月第 1 版　2018年9月第2次印刷

开本：710×1000　1/16　印张：13

字数：235 千字　定价：36.80 元

序言
PREFACE

做人有困惑，做事有困境，这是我们常面临的问题。人生是没有彩排的表演，唯有找到最适合自己的做人做事的方法，找准符合自己和社会价值体系的标杆，才能在绚丽的人生舞台上展现最优美的身姿。

做人做事要树立标杆，在人生的旅途上，标杆的作用正如美国著名牧师内德·兰赛姆在94岁临终时留下的那句遗言："假如时光可以倒流，世上将有一半的人成为伟人。"

人们常说，做人是一种艺术，更是一门学门，是需要每个人穷尽一生的时间来学习的。在人生的任何时刻，我们都需要不断地去校正自己的品行，让自己以真善美之心融入生活。

做事先做人，这句话我们耳熟能详。从表面上看，做人似乎很简单，其实不然。揭开它的面纱，去发掘所有问题的症结，你就会发现做人的确是一门很难掌握的学问。研习它的人，品行更端，德性更高，志向更远，成就更大。

在社会上行走，会做人才会做事。选择了怎样做人，也就往往决定了怎样做事。选择做怎样的人，选择怎样做事，往往是由一个人的人生观决定的。而那些经过时间地淘洗、熠熠发光的人生智慧，正是我们做人做事最好的标杆。

林肯曾经说过："智慧可以帮助我们，让我们不必用烫伤自己的方法去体验火的炙热；也可以让我们在陷阱面前适时止步，做出明智的选择。"利用"智慧"的标杆可以去丈量人生的长度、生命的深度；亦可在迷茫时，犹如盲杖一样引导你规避未知的陷阱，趋利避害，走上通往目的地的征途；在自满时，能够看使你清自己真实的高度，抑制蠢蠢欲动的浮躁和不断膨胀的自傲。

我们常言，生活不易，做人难，做事亦难。要堂堂正正写好一个"人"字，做好每一件事，不树立做人做事的标杆，困惑和困境就会更多。面对"山重水复”的关卡，光靠坚强的毅力和勇往直前的精神还不够，解决难题最终靠的是出奇制胜的智慧。要摆脱人与事的困境，借助外力和以巧取胜都属小智；正如小胜靠智，大胜靠德一样，唯有找准做人做事的标杆，提升做人的艺术和做事的技巧，才可以在社会的浪潮中游刃有余地穿行。

标杆如同眼睛之于人，没有眼睛或缺乏眼光的人容易迷失方向。

标杆似一个准则，用以参照和衡量自己，让你看清不足与劣势，进而弥补和塑造更好的自己。

标杆是一副“完美”的模具，把自己装入其中，按照它的价值体系做人做事，就能铸造非凡的自己。

标杆是一个样板。记得爱因斯坦在祝贺印度“圣雄”甘地70岁生日时说过一句话：“后世的人可能不会相信，世界上真有过这样一个人。”许多伟人不仅创造了理论的神话，而且还树立了做人做事的标杆。

标杆是一种原则。即使生活环境不同，文化层次不同，追求的目标和理想也不尽相同，但是，在内心深处，每个人都要按照符合社会价值体系的原则来修饰自己、对待他人。也要有为人处世的底线，保全自己，对自己负责。

做人做事不能没有标杆。找不到适合你的标杆，也就没有衡量对与错、好与坏的尺度，如果自己都不知道哪些事该做，哪些事不该做；哪些人该亲近，哪些人该排斥；哪些事该怎样处理，哪些事该怎样回避，那么，就很容易四处碰壁，甚至走入歧途。

一个人无论做什么，都要为荣耀而行。“天地生人，有一人应有一人之业；人生在世，生一日当尽一日之勤”。所有的努力和行动，都要以标杆来指引，才不会迷失方向，才会更有成效。

在本书中，我们期望通过对做人做事的标杆的诠释，为您展现做人做事的方法、准则、策略、途径等。让每一篇富含智慧的文章激发你思想的火花，给你一种醍醐灌顶的警醒。也许做人做事正是你的弱项，致使你接连遭逢失败的厄运，但讳疾忌医永远解决不了问题，只有在痛处扎针，才更容易看到实效；也许你已是一个在社会上打拼多年的智者，积累了诸多做人做事的技巧，亦有自己处世的法宝，但细细品读本书，仍能给你带来新的体味与更高层次的提携。

编著者

2017年8月1日

目录
CONTENTS

CHAPTER1

第一章

简单做人，成熟做事

一个人活在世上最重要的两点就是做人和做事。《三字经》中说，“人之初，性本善。”人的本性是善良的、简单的，就像白开水一样，纯净平淡，没有掺杂任何杂质。简单的人，只看重自己所有的，不看重自己没有的，他们活得真实，有一颗知足而不满足的心。

简单的人追求绚烂归于平淡的人生境界，但一个人安身立命，必须去除外表的青涩，历练出更多的人生经验，让自己少走弯路、少做错事、少付出不必要的代价，经过时间的积淀和考验的做事智慧，才会使我们有所顿悟，更加成熟。

简单做人的真谛

简单的人，只看重自己所有的，不看重自己没有的，他们都有一颗知足而不满足的心。

人活于世，总会有许多烦恼、坎坷、悲伤之事。有些人处心积虑、勾心斗角，弄得自己身心俱疲，却只落得个两手空空的结果；相反，那些保持本色，依本性做人的人，就像白开水，纯净平淡，没有掺杂任何杂质，从容生活，却收获了许多快乐。做人要表现自己简单而真实的一面，不世故，不虚伪，不自欺欺人，不在错综复杂的关系中作茧自缚。

人生的漫漫长路，有多少混乱痴迷，有多少世态炎凉，有多少不尽如人意，复杂和混乱的不是外界的变化，而是我们的心。做个简单而真实的感性之人，并不是要我们头脑简单，不善思考，而是要我们洗净心灵的积垢，保持心灵的简约与宁静，不为纷繁所扰。

简单做人，要不断舍弃那些心灵的累赘和种种执迷，追求简单而随性的生活。

从前，一个和尚因为耐不住佛家的寂寞就下山还俗去了。没过一个月，因为耐不得尘世的口舌，又上山了。没过一个月，又因不耐寂寞下山了。如此三番，老僧就对他说，“你干脆不必信佛，脱去袈裟；也不必去做俗人，就在庙宇和尘世之间的凉亭那里设一个去处，卖茶如何？”

于是，这个还俗的人就结了婚，支起一间小茶店，在山上和山下之间尽享自己的悠然和自在。

简单做人并不是说明你幼稚、不懂世事，而是在经历了人生的风风雨雨后对生命作更高层次的思考和评价，对自己人生价值作更新的诠释。

在社会上行走，复杂的人和事已把我们压得疲惫不堪，虚荣、欲望等心灵的桎梏是人痛苦的根源。因此，对于简简单单的人来说，一颗平常心是他们为人处世的法宝。

一天，山中的老虎大王要出远门，它想来想去，最后把猴子叫来，说："我出门在外的时候，山上的一切就交给你来掌管吧！"

猴子平时在山上游荡惯了，到处攀爬，和其他猴子一起嬉戏，一时间要做代理大王还真是找不到感觉。这只平凡的猴子开始想办法，揣摩威风凛凛的老虎的心理，模仿它的神态和举止，提高嗓门，尽量让自己显得威严庄重。猴子真的很聪明，不久它真的像大王了，因此以前和它一起玩耍的猴子都对它敬重有加，甚至诚惶诚恐。它自己也特别满意，感慨地说："做大王真过瘾！"

过了一段时间，老虎回来了。猴子又开始苦闷起来，自己毕竟还是猴子，可是它怎么努力也难以恢复到以前的状态。它的同类开始讨厌它，因为它还是一副大王的架子，仍对它们颐指气使，在它们面前喜怒无常。

平凡的猴子痛苦地对同伴说："你们为什么就不能对我尊敬些呢！毕竟我也是做过大王的！只是恢复到平常太难了，我看，你们是不可能理解的！"

一只小猴子天真地说："可是你说这句话的时候还像大王呢！"

身居高位时颐指气使，因为一时的风光就得意忘形，失意后又很难调整心态的平衡，最终受累的还是自己的心。一个人不管现在多么成功，都要保持一颗平常心。俗话说："布衣暖，菜根香。"最难能可贵的就是在辉煌的时候，仍然保留着质朴、谨慎和求实的精神。

冷静地处世，淡泊于功利，削减欲望，这些说来容易，于我们平常人其实很难。步入社会，善良、单纯的心思渐渐变得复杂了、暧昧了、虚伪了、冷漠了、太过牵强了，于是，一切都变样了。

哲人说，"天下本无事，庸人自扰之"，虽然社会中的种种人和事让某些人变得世故和虚伪，但对于简单的人来说，他们能让自己从繁忙的生活中，从扑朔迷离的社会中走出来，然后心平气和地对待生活。

简单的人，犹如太阳一样，不会在意人们对他的评价是好是坏，有人说他好，必然也会有人骂他坏，然而太阳并不会因人们的谴责与赞叹而改变自己的轨道。

简单的人，他们在现实生活中用心阐释词典中那些最伟大的词汇：真情、爱、幸福、快乐、希望。有时候这一切仅仅在一个浅浅的微笑，一句简短的问候，一次及时的抚慰中就得到体现。

简单的人，懂得享受现在的生活。会享受就是要爱自己，就是要对自己好一点。会享受，就是要提升自己生命的质量。既然我们无法改变生命的长度，那就去努力拓展生命的宽度，努力挖掘生命的深度。

简单的人，只看重自己所有的，不看重自己没有的。他们都有一颗知足而不满足的心，从不让自己在愚蠢的比较中失去内心的平衡。哲人说，人类的痛苦几乎大半都是来自于比较，将自己和周围的人比较，不管是强或弱、优或劣，都会严重困扰着人们。

一个简单的人，能够抛开自私自利，我执我见，洗净心灵的积垢，让自己从繁琐的生活中，从扑朔迷离的关系中走出来，享受生活真实中的简单和幸福。

追求人生的真实

真实与一切虚伪背道而驰，它要求人讲真话、办真事，依照自己高尚的品性行事。

俗话说，做人难，其难主要表现在做人的真实性上。生活在繁杂的社会中，那些感性之人时常感叹生活中存在着虚假和虚伪。身边的一些人，总要打着一些漂亮的幌子为了谋取自己的利益而采取某些卑劣的手段，当面一套，背后又是一套；现在还对你鞠躬哈腰、阿谀奉承，转过头就冷眼相对，视为死敌。这其中的缘由多为一个“利”字。

现今社会，人的生存状态极其复杂，大部分人的生活态度都徘徊于入世和出世之间。人们在生活中要扮演多种角色，既有着自己的位置，又拥有不同的地位，在自己的世界里，我们是主角，在别人的世界里也许只是龙套。但不管怎样，最真实的你，才是重要的那一个。如果做人失去了原本的真实，那也就失去了自己的良知。

在一个艳阳高照的午后，哈利去拜访一位刚刚喜得贵子的朋友。一进门，就感觉气氛着实热闹，众多熟悉的朋友都在。彼此寒暄了几句，问候朋友身体安康之后，环视朋友的新家，感觉主人是个讲究生活品质的人。虽不富裕，屋子却布置得简单而富有情趣。向阳台望去，很显眼地悬挂着几盆花花草草，红绿相间，疏密有致，令人赏心悦目。

“我发现一个问题，这几盆花草有真有假，你们看出来了吗？”正在哈利愣神的功夫，一位细心的女士说。

“我怎么没有看出来呢？”有人反问道。

“谁能不用手去摸，不靠近用鼻子闻，在五米以外准确地指出真假，我就送给谁一盆郁金香。”主人有些得意地说。

听到主人的话，大家都兴致勃勃地仔细观察起来。

只见眼前的几个盆栽，叶子都长得极为茂盛，看起来个个碧绿如玉，青翠欲滴。花儿也开得艳丽，汪洋恣意。猛然看去，的确难辨真假。可是用心观察，还是能发现其中的不同。

哈利偶然发现有三盆花依稀能够找到枯萎的残叶，有的叶片上还有淡淡的焦黄，显示出新陈代谢和风雨侵袭的痕迹。可是另外两盆，绿得鲜艳，红得灿烂，没有一片多余的赘叶，没有一丝杂草，更没有一根枯藤。一切都是精心设计、精心制造的结果，它们显得完美无缺。看着它们，似乎这完美的东西远不如那些夹杂着残枝败叶的新绿更令人愉快。

很多时候，虚假的、装点过的东西更容易被人识破，人生原本就是极为真实和简单的，且存有不可避免的缺陷。有些人做人缺乏真实，喜欢掩饰自己的缺点，追求完美的表现，就如那盆假花一样，虽然看起来很精致，但总会缺乏生气，缺少经历过生命的真实。如果时时都是如此的心境，事事都是如此的状态，那么生活的一切虽看似华丽或精细，但它始终缺少灵魂的寄托。

做一个真实的人，首先就要允许自己存有缺陷，要有一颗追求完美，却不强求完美的心。

“幸福课”教授本·沙哈尔讲述过这样一种关于自己真实做人的感悟：

刚开始讲“幸福课”时，本·沙哈尔极想把课程讲好，很想扮演一个无所不知、幽默大方的人，成为一位完美的导师。为此，他特地跑到喜剧演员培训班学习。但他不是那种能开激烈的玩笑、做夸张表演的人。无论怎么学，他也达不到想要的戏剧效果。

做别人眼中最优秀的老师的想法让他身心疲惫，他渐渐发现这样的讲课效果并不理想，而且慢慢害了自己，让自己失去了特色和本色，在讲课时戴着虚假的面具，展现给学生的并不是真实的自己。

他总结说，我每次都很紧张，怕被发现面具下真实的样子，结果把自己搞得很累。这样不仅害了我，也伤害了学生，等于给学生树立了一个“完人”的典型，告诉学生走一条永远走不通、错误的路。

本·沙哈尔对学生强调，不要忽略自己所拥有的独特性，要做真实的自己。

真实与一切虚伪背道而驰，它要求人讲真话、办真事，依照自己高尚的品性行事。“有朋自远方来，不亦乐乎？”孔子这句两千多年前的话仍然萦绕耳边。那时社会落后、物质缺乏、生活困苦，远方的朋友来到了，小住几天，热情款待，是一件非常快乐的事情。但倘若你面对这样的境遇，在家人糊口都困难之时，你还能高兴吗？孔子却是高兴的，所以他是一个充满仁爱的人，展现了真实的自我。

一个人立身处世，什么原则作为做人的出发点，关系到你会成为一个怎样的人，因为对他人的态度是你的观念外化的表现。对人真实、做事真实的人，在展现了自己本色的同时，也堂堂正正地立足于天地之间，无愧于心，无愧于人。

做人从感恩开始

当一个人学会感恩时，就会对自己的现状心存感激，就会对别人为自己所做的一切怀有敬意。

人生是一场漫长的历练之旅，更是一条感恩的回馈之途。一个人从呱呱坠地起，就接受了太多的恩情：父母的悉心养育，师长的传道授业，夫妻的相濡以沫，朋友的意气相投，邻里的真情帮扶，素昧平生者的无私援助，更有整个社会提供给你的良好的生存环境和发展机遇，乃至大自然的阳光雨露、春华秋实。这一切，都需要你用一颗感恩的心去回馈。知恩图报一直是中华民族传承数千年的道德准则，感恩之心是一切美好事物能够被感知的开始。感恩是一种积极的处世哲学，是生活中的大智慧。

感恩是蕴藏在人的内心深处的一种情感，时时怀着一颗感恩的心，不仅可以去除心中嫉妒、厌恶、仇恨的种子，而且可以让自己的人生变得更加温馨。

一次，汤姆在一家雅致的餐厅就餐时，发现旁边有三个黑人孩子，他们似乎在餐桌上写着什么。在就餐的时间、就餐的地方，这三个孩子却没做与吃饭有关的事。汤姆难以按捺心中的好奇，试探着走了过去。这几个孩子看到汤姆这样一个肤色不同的外国人的到来，他们没有一丝扭捏，而是落落大方地和汤姆交谈起来。这三个孩子中一个约莫十二三岁、戴眼镜的男孩是老大，女孩八九岁是老二，另外一个男孩五六岁是老三。从谈话中，汤姆了解到他们和母亲是暂时住在这家餐厅里的，因为他们正在搬家，新房还未安顿好。

当汤姆问他们在做什么时，老大回答说正在写感谢信。他一副理所当然的神情使汤姆满脸疑惑。这三个小孩一大早起来写感谢信？汤姆愣了一阵后追问道："写给谁的？""给妈妈。"汤姆心中的疑团一个未解一个又生。"为什么？"汤姆又问道。"我们每天都写，这是我们每日必做的功课。"孩子回答道。哪有每天都写感谢信的？真是不可思议！

汤姆凑过去看了一眼他们每人手下的那沓纸。老大在纸上写了八九行字，妹妹写了五六行字，小弟弟只写了两三行。再细看其中的内容，却是诸如"路边的野花开得真漂亮"、"昨天吃的比萨饼很香"、"昨天妈妈给我讲了一个很有意思的故事"之类的简单语句。

汤姆的心头一震。原来他们写给妈妈的感谢信不是专门感谢妈妈给他们帮了多大的忙，而是记录下他们幼小心灵中感觉很幸福的一点一滴。他们还不知道什么叫大恩大德，只知道对于每一件美好的事物都应心存感激。他们感谢母亲辛勤的工作，感谢同伴热心的帮助，感谢兄弟姐妹之间的相互理解……他们对许多我们认为理所当然的事都怀有一颗"感恩的心"。

对于平凡的小事都懂得感恩的人，他们把幸福的底线放得如此之低，将生活看得简单、快乐，也使得自己更加纯净。

古语云，"君子记恩不记仇，小人记仇不记恩"，始终带着感恩的心，做感恩的事，当感恩的人，不仅能让你理解周围的人和事，关键还能让你理解他人对我们的不理解，这样就能够保持一颗单纯的心，简单做人。

法国一个偏僻的小镇，据传有一个特别灵验的水泉，可以医治各种疾病。有一天，一个拄着拐杖，少了一条腿的退伍军人，一跛一跛地走过镇上的马路，旁边的镇民带着同情的口吻说："可怜的家伙，难道他要向上帝祈求再有一条腿吗？"这一句话被退伍的军人听到了，他转过身对他们说："我不是要向上帝祈求有一条新的腿，而是要祈求他帮助我，教我没有一条腿后，也知道如何过日子。"

有时候，虽然某些人的行为不被他人理解和认同，但只要他懂得感恩，知道珍惜，就不会被失去的东西所羁绊，就能接纳失去的事实，让自己的生命充满亮丽与光彩。

感恩是一种心态，也是一种美德，是简单做人的基础。

一次，美国前总统罗斯福家失窃，许多东西都被偷走了，一位朋友写信劝他不必太在意。罗斯福给朋友写了一封回信："亲爱的朋友，谢谢你来信安慰我，我现在很平安。感谢上帝：因为第一，贼偷去的是我的东西，而没有伤害我的生命；第二，贼只偷去我部分东西，而不是全部；第三，最值得庆幸的是，做贼的是他，而不是我。"

像罗斯福那样拥有一颗感恩的心，换个角度去看待人生的失意和不幸，你就能保持健康的心态、完美的人格和进取的信念。

当一个人具有感恩之心时，就会对自己的现状心存感激，就会对别人为自己所做的一切怀有敬意和感谢，也就必然能够扩充心灵的空间，会因感恩而感到快乐和满足，会因感恩而懂得珍惜生活。

感恩是人与人之间道德良性互动的润滑剂。不懂感恩，这是道德的失落，是文明的缺失。学会感恩，并不是要做付出与所得的价值交换，而是要更懂得尊重和珍惜。

感恩是一个人与生俱来的本性，是一个人不可磨灭的良知，是一切生命美好的基础。真正简单的人，能够在纷繁复杂的社会中找到心灵的宁静之地，不管是失去还是获得，都以同样的感恩心态对待。常怀感恩之心，你会赢得更多的尊重和关爱；常怀感恩之心，你也会对生活少一分挑剔和敌意，多一分欣赏和感激。

清清白白地活着

《菜根谭》上说，“做人要有一点素心”，贪图任何便宜都会被便宜咬伤了手，咬伤了身心。

现实生活中，人们总是把拥有物质的多少看得过于重要，用金钱来衡量生活的质量。用名牌服饰、高档汽车、豪华住宅、高级饭店的消费来武装自己。以为这样就过上了有目共睹的优越生活，换取了一副无懈可击的外表。然而自己的内心呢？很多人在聚敛财富的过程中，逐渐由简单变得复杂，自己美言称之为成熟，众人则称之为世故。不管怎样，关键是他们中的有些人失去了清白做人的准则。古语云，“君子爱财，取之有道”。有些人致富的门道，恐怕不敢摆在明处给穷人们借鉴。

在现实生活中，我们追求的是简单，我们不想受累于复杂。财富也好，欲望也罢，如果触及了我们清白做人的底线，就应该坚定地给予拒绝。只有清清白白、干干净净地做人，才能做到无论身处怎样的环境都心底坦然，都能够吃得香甜，睡得踏实。不然，做人不干不净，不清不白，就会使自己的心灵陷于不安之中。这样的人，听到警笛声，心里就会发毛，产生难以言状的恐惧；看到了警察，大腿就会哆嗦，生怕警察是来抓他的；就是在半夜，也会因为天天心惊胆战地生活于恐惧中而噩梦连连，不是梦见被戴上了手铐，就是梦见蹲进了看守所中。要避免自己陷于这种情感的煎熬中，最好的办法就是要清白做人、干净做人，端正做人的态度，活出自己的尊严。

清清白白做人，并非指不食人间烟火，不近女色，不食荤腥，不着华贵，更不是只过野菜清汤、衣衫褴褛的清贫生活，而是指做人的内在品性。清白做人，重在安分守己，不招惹是非，自己走在哪里都能行得正，挺得直，留下赞美声，而不是留下骂名，人在前面走，后面指脊梁。

舒绣文是我国著名的戏剧表演艺术家，她在事业上是成功者，同时她也是清白做人的表率。

有一天，舒绣文的独生子兆元没有买车票，她知道后非常生气。当天晚上，她就带着儿子赶到汽车总站补了票，还作了自我检讨。她非常严厉地批评儿子说："五分钱的车票也不是小事，发展下去会犯罪的！这是失人格的事，做人要清白、正直、诚实。"接着，她提起笔给《北京晚报》写了一封检讨信。这封信发表后，她又特意把一份报纸送到学校，让儿子在班上作检讨。这件事，使兆元受到了深刻的教育。

舒绣文在当时是国内知名的表演艺术家、全国人大代表、全国剧协和文联常务理事，生活相当富裕，可她却处处节俭。家里吃橘子时，她就把橘子皮捡起来晒干，攒多了卖给药店，把钱放在一个小盒内，然后对兆元说，"这钱是你的，我给你存着。记住，生活上要精打细算。"兆元的衣服她总是一补再补，同学们开玩笑称他是一个土八路。1969 年 3 月，舒绣文含冤离开了人世。临终前，她让儿子将她平时积存的几万元钱全部捐给了学校，并且对儿子说："我给你留下的不是金钱，不是地位，也不是荣誉，而是清清白白做人的道理。"

像舒绣文这样清清白白、坦坦荡荡的人，对家人，对朋友，对同事，都会实实在在，不贪图别人的便宜，不图谋不该得到的利益，老老实实地承担自己应该承担的那份责任和义务，不会有阴暗、背叛、算计、欺瞒，更不会两面三刀、阳奉阴违地做事。

这样的人不一定是达官显贵、社会名流，可能只是一名普通人。但他的清白，却带来了家庭的安宁、单位的清静、社会的和谐。可以说，我们的大千世界中，这样清清白白做人的人是主流，是社会的中流砥柱，正是有了这些清清白白的人，我们的生活环境才会变得越来越好。

无论历史如何变迁，无论时代怎样发展，清清白白做人总会受人称颂。中国社科院的严济慈院士为我国的大能量电感储能装置的研发立下了汗马功劳。他一生中把“做人要清白，做事要认真”视为座右铭，他视清白为道德第一要务，视认真为处世第一原则。

著名演员濮存昕的家里，有一句座右铭：“清白吏子孙。”濮存昕不但做到了，而且还做得让人敬佩。包公、于谦、海瑞、孔繁森、牛玉儒、任长霞……他们清清白白的身躯，永远给我们树立了做人的典范。

清白做人要在钱财上没有贪欲，手不长，腿不软，心不贪，清白的人是能够留下好名声的。清白做人就该保持高尚的情操，不去乱七八糟的场所，在情和色面前把持住自己，永远保持做人的清白。

人活于世，诸多的诱惑总是接踵而来，金钱、美色、权利等让人心奇痒难耐，在不经意间，这些诱惑就将你包围。如果不保持足够的警惕或克制力，很容易就败坏了自己的声誉。

做人干净清白，与其社会地位、贫富程度、学识水平，都没有必然的联系。关键在于一个人是否有清白做人的意志和毅力，有没有安分守己的决心和克制力。不然，纵然是最为普通的老百姓，也同样会守不住清白而做出污浊之事。

《菜根谭》上说“做人要有一点素心”，贪图任何便宜都会被便宜咬伤了手，咬伤了身心。雁过留声，人过留名。我们每个人都应该自重、自省、自强、自励，管住自己的嘴和腿，约束住自己的身和手，抗得住诱惑，做一个简简单单的清白之人。

微笑着面对生活

对于永远微笑的人来说，苦难只是一种经历，一片风景，一种使生活更富味道的作料。

对于一个用心生活、简单做人的人来说，微笑是他脸上最灿烂、最持久的表情。不管生活的境遇如何，此时的心情如何，他们简单的心都会让自己平静地对待，让微笑长留脸颊。微笑是一种无声的语言，它包含善意，包含接纳，包含温情，它能感染每个人的心，浸润时间的杂质，消减烦躁的情绪。

在一家兽医院的候诊室里，挤满了带着宠物前来注射疫苗的主人们。正当兽医忙得不可开交之时，他却留意到在候诊室内，大约还有六七位面无表情的客人正在等待，然而却没有一个人开口交谈。不久以后，又有一位妈妈带着她的宝宝和一只小猫前来。当她坐在一位等得不耐烦的先生旁边时，那位先生发现宝宝正对着他咧嘴笑着，很自然地，他也对小宝宝笑了笑，随后，他就跟宝宝的妈妈聊起了自己的孩子。过了一会儿，整个候诊室的人渐渐聊了起来，原先乏味、僵硬的气氛，也转变得十分愉快，而兽医面对这样的场面，不禁也微笑了起来。

真诚的笑容是最能赢得他人信任的语言，它往往能够让人们即使在语言不通的情况下，架起人与人之间沟通的桥梁。而不管你是愉快地哈哈大笑、捧腹大笑，还是会心一笑，只要发自内心，你都会感觉自己的心灵正充满着快乐和喜悦。与此同时，你也能够为他人带来欢喜、愉悦的感受，尤其当你面对整天皱着眉头、愁容满面的人群时，你的笑容就像是阴天中的阳光，即便你只是对他们微微一笑，也可以帮助他们减轻内心的压力，或者化解烦恼的情绪。

同样，当你感到烦闷时，不妨也给自己一个鼓励的微笑，很快地，你就会发现自己又充满了信心，而且再也没有什么事情是你无法解决的了！

爱尔兰人有一句流传很广的谚语："无论如何，微笑吧！我们要用心微笑，因为它是灵魂的音乐！"

微笑是一种表情，皱眉头也是一种表情，但是微笑有助于解决问题。因此，你不妨在每天早上起床时，面对镜子中的自己微笑一下，以便让自己一整天的心境，都能够维持在开朗、愉悦的状态下，而当你开始这么做了以后，你将会发现生活中有许多的事情，比起往常要显得更顺心如意。

在生活中，微笑可以消除双方的戒心与不安，可以打开僵局；在工作上，微笑能让客户对你更加信赖。不管生命遭遇了怎样的坎坷与曲折，用心生活的人都要保有恬淡的微笑。生活就像一面镜子，你对它哭，它也对你哭，如果你想要它对你微笑，你只有一种办法，就是对它微笑。懂得生命的意义，品尝生活的苦楚，你必须接受这样的人生，并且要勇敢、大胆地，而且永远地以微笑来面对它。

由此可见，微笑是一种积极的人生态度，微笑着的我们，用微笑的力量，去关照他人，搏击命运，感化自己，影响世界。当生活像一首歌那样轻快流畅时，笑颜常开乃易事；而在一切事情都不妙时仍能微笑的人，才会活得更有价值。

体坛的微笑美女桑兰，她在面对人生中重大的变故时表现出来的乐观使每个人都为之感动。

那是 1998 年 7 月 21 日的晚上，在纽约友好运动会上，桑兰意外受伤，在很多人都为她的体育生涯就此画上句号而万分遗憾、痛心之时，默默无闻的 17 岁的桑兰却用自己灿烂的微笑坦然地面对这一切，最终成了全世界最受关注的人。

桑兰当时的受伤确实是个意外。当时桑兰正在进行跳马比赛的赛前热身，在她起跳的那一瞬间，外队的一名教练“马”前探头干扰了她，导致她动作变形，从高空摔到地上，而且是头先着地，以致身受重伤。

这个一直微笑着的甜美的姑娘来自浙江宁波，1993年进入国家队，个性温和，但在遭受如此重大的变故后却表现出难得的坚毅。她的主治医生说：“桑兰表现得非常勇敢，她从未抱怨什么，对她我能找到的表达的词就是‘勇气’。”就算是知道自己再也站不起来之后，她也绝不后悔练体操，她说：“我对自己有信心，我永远不会放弃希望。”

因为她的坚强、乐观，美国院方称她为“伟大的中国人民光辉形象”，而那么多美国的普通人去看她，并不只是因为她受伤了，而是为她的精神所感染。

国务院副总理钱其琛在看望桑兰时说：“中国领导人和中国人民都知道这位勇敢的女孩的事。”美国前总统克林顿、卡特和里根都曾给桑兰写过信，赞扬她面对悲剧时表现出来的勇气和以微笑面对人生的态度。桑兰与“超人”会面的经过在美国ABC电视台播出，这个电视台50年来只采访过两个中国人，一个是邓小平，一个就是桑兰。桑兰还如愿以偿地见到了自己的偶像莱昂纳多·迪卡普里奥和席琳·迪翁。她的监护人说：“她太可爱了，像我们这些在她身边的人都愿意去帮助她……”

巴尔扎克说：世界上的事情永远不是绝对的，结果因人而异，苦难对于天才是一块垫脚石，对能干的人是一笔财富，对于弱者是一个万丈深渊。对于永远微笑的人来说，它只是一种经历，一片风景，一种使生活更富味道的作料。

微笑着的人，让人感觉亲和、友善、真诚。简单做人，不仅脸上的微笑常在，内心也要具有微笑面对生活的乐观、豁达、宽容的人生态度。

努力靠自己成功

一个做事成熟的人，能够在肯定自我的同时，发现更多体现本性、符合社会价值体系的做人做事的方法。

同在社会上打拼，那些成熟的人，他们对社会，对生活、对人生有一个比较正确的认识，拥有自己的个性，自己的思想，能明是非，辨善恶，不会人云亦云。

成熟是秋天高挂在树枝上的飘着香、裹着红、透着亮的果子，在经历了季节更替的变化和风吹雨打的磨砺之后，仍靠着自己的力量展现出让人欣喜的颜色。成熟是一道风景，是一种内在美与外在美的自然结合。对于人来说，成熟是内在品质与外在形象的自然结合。

成熟的人，懂得为人处世的技巧和方法，能够揣摩别人的心理、看懂别人的意图，能够把事情处理得圆满。这是做人做事的高妙境界，不是每个人都能轻易达到的。对于涉世不深的年轻人来说，成熟的起跑线在于摆脱依赖心理，给予自己充分的肯定和信心。

也许你会说，我又不是小孩子了，早就自立了，不会依赖别人。心理学家给出了他的观点，他强调：每个人都有依赖心理，有些人依赖心理很强，而有些人依赖心理较弱。依赖和人的惰性是共存的，试想一下，如果有人能够帮你把事情都做好，都安排好，自己不用费心劳神，坐享其成就可以，长此以往，你不会对其产生依赖吗？心理学家进一步分析说，依赖心理是一种消极的心理状态，影响和制约着一个人处事时的自主性和创造力。

洛克菲勒是美国著名的石油大亨，有着让世人艳羡的财富，这个家族的财富传奇，建立在家族继承人靠自己成功、不依靠他人的信念上。

有一天，洛克菲勒把自己最心爱的孩子小洛克菲勒抱上了一张桌子，然后面带微笑地鼓励他跳下来。孩子幼稚地认为有爸爸在旁边保护自己，根本就不会有什么危险，所以就非常放心地跳了下来。谁知就在他往下跳的时候，洛克菲勒却走开了，小洛克菲勒重重地摔倒在地上，他大哭不止。

这时候，老洛克菲勒来到儿子身旁，语重心长地对他说：儿子，不要再哭了，你知道爸爸今天为什么要这么做吗？爸爸就是要让你知道，在这个世界上，所有的事情都需要靠你自己来完成，不要想着依靠别人，有时候，就是你的爸爸也是无法依靠的！从现在开始，从今天开始，你应该成熟了！

洛克菲勒家族虽然非常富有，但所有的孩子在大学毕业以后，都不能立即进入自己家族的产业之中做事，而是必须在外面经受一番历练，靠自己的能力、不依靠家族的势力，学会成熟的处世之道，然后才可以进入自己家族的产业，并开始掌握自己家族的财产。

有很多分析家说，洛克菲勒家族之所以延续了数百年依然繁盛不衰，就是因为这一家族对子女成熟处事能力的培养。他们相信自己的事情只有自己做才能完成得最好，应该经历的挫折只有自己经历了才能更好地面对人生。

现实社会中的每个人都拥有成功的资质与潜力，但结果却只有极少数的人能登上金字塔的塔尖。究其原因，是因为他们敢于忽视自己心中的自卑与恐惧，摆脱依靠他人做事的想法，不仅不给自己贴上“懦弱”的标签，也不理会别人自以为是的劝阻。他们相信，只要自己去尝试，去努力，万事皆有可能。

然而，也有很多人，他们抱着宿命论的观点，以一种不成熟的态度审视自己的人生。有些人相信，一个人一生的事，是在呱呱坠地的时候就已经由上天决定好了，跟个人的努力完全无关。在这些人的眼里，富翁是天生的，一生下来他便是个富翁;领袖人物是天生的,他们降生时一定带点儿什么征兆。这种宿命论使这些人不去主动做事,像一条懒虫似的生活着,或者依靠他人的帮助和给予,或者随波逐流地放任自己顺其自然,等待着好运或是厄运降临在他们的身上。

不知道这部分人有没有听过这样一个故事。

某人在屋檐下躲雨,看见观音正撑着伞走过。这人说:“观音菩萨,普度一下众生吧,带我一段如何?”观音说:“我在雨里,你在檐下,而檐下无雨,你不需要我度。”这人立刻跳出檐下,站在雨中说:“现在我也在雨中了,该度我了吧?”观音说:“你在雨中,我也在雨中,我不被雨淋,因为有伞;你被雨淋,因为无伞。所以不是我度自己,而是伞度我。你要想度,不必找我,请找伞去!”说完便走了。第二天,这人遇到了难事,便去寺庙里求观音。走进庙里,才发现观音像前也有一个人在拜,那个人长得和观音一模一样,丝毫不差。

这人又问:“你为何还拜自己?”

观音笑道:“我也遇到了难事,但我知道,求人不如求己。”

人才是自己的命运之神,主动做事,靠自己成功,这是成功者共同的信条。所以,我们需要做的是:毫无畏惧地生活,直面所有的障碍和困境,并充满信心地去克服!

歌德说过:“有坚强意志的人能够按照自己的意志来改造世界。”一个做事成熟的人,能够在肯定自我的同时,发现更多体现本性、符合社会价值体系的做人做事的方法,从而给予自己一个又一个成功的目标。

学会正确地努力

成熟的人总结说，人之所以痛苦，是因为在追求错误的东西。你之所以还没有成功，是因为在错误的地方寻找正确的答案。

生活中有这样一部分人，他们在刚刚走向社会的时候，饱含激情地为自己的人生进行规划：选择哪个行业作为立足点，要挣多少钱，要学习什么样的经验，然后再去实现什么样的目标等。但过了若干年，和初入职场时相比，他们没看到在自己身上发生的更多的变化。他们拥有的金钱也未增加很多，有的人连最初的小目标都未能实现。

也许有人会说，这样的人一定是懒人，就如他们臆断地将穷和懒之间画上等号一样。但事实却是，他们中的大部分人都努力了，有的人穷其一生的精力一直在努力奋斗，但结果总是离自己预期得非常遥远。

有人总结说，按部就班地工作和越来越重的负担使得这部分人很难大展拳脚，他们所得到的最直接的工作经验就是手脚灵活、动作娴熟，成了大机器上无数合格的小螺丝中的一个。激情和梦想在他们的身上逐渐褪色，因为他们感到，再多的努力，结果也只是原地踏步。

我们都知道，拥有目标，从而奋力拼搏，这是成功最简单的模式之一。但你是否深入地想过，在努力的过程中，你选择的方向是否正确，你用的力是否在点子上。

高尔夫是商界人士都喜欢的一项非常有趣的运动，它之所以能以飞快的速度风靡全球，尤其受到职场人士的喜爱，不仅是因为在从事这项运动的过程中，大家可以洽谈合作事项、沟通彼此感情，其本身的魅力——这项运动需要头脑和全身器官的整体协调，才是吸引他们屡试不爽的关键。玩过高尔夫的人都知道，在每次击球之前，你都需要观察和思考，需要靠手、臂、腰、腿、脚、眼睛等各部位的有效配合进行击球。而击球的关键则在于两个"D"，即方向(Direction)和距离(Distance)。

在很小的时候，我们就懂得了如何辨别方向和测绘距离，当两者混在一起，并具有非常复杂的关系时，很多人处理起来会觉得很困难。如果再衍生到做事行动的距离与方向上，能够主动思考这点的人，恐怕就已经少之又少。就像高尔夫这项运动的初学者一样，他们中有不少人只想着把球打远，而忽视了方向的重要性，其实，把球打直要比打远更重要！所以，擅长打高尔夫的人都会谨记这样一条原则："方向比距离重要。"这条高尔夫运动的重要法则同样适用于我们对生活和事业的处理方式。方向走对了，哪怕走得慢却能一步一步靠近成功；可倘若走错了方向，所有的努力都会泡汤，更会让人离成功越来越远。这也许就是一部分人挥汗如雨后仍一无所获的根本原因。

成熟的人总结说，你之所以痛苦，是因为在追求错误的东西。你之所以还没有成功，是因为在错误的地方寻找正确的答案。

有一天深夜，著名的现代原子物理学的奠基者卢瑟福教授走进自己的实验室，看见一个研究生仍勤奋地在实验台前工作。

卢瑟福关心地问道："这么晚了，你在做什么？"

研究生回答："我在工作。"

"那你白天做什么了？"

"我也在工作。"

"那么，你整天都在工作吗？"

"是的，老师。"研究生有点暗喜，似乎期待着卢瑟福的赞许。

卢瑟福稍稍想了一下，然后说："你很勤奋，整天都在工作，这自然是很难得的。可我想提醒你的是，你有没有时间来思考呢？"

那些只会低头做事,而不懂抬头思考的人,做无用功的几率更大。成功者总是这样告诫年轻人,做正确的事也要正确地做事。做正确的事是着眼于战略,而正确地做事,是指用什么方法和战术。战术就是针对具体问题制定的一种对策和方法,一种解决问题的方案。

努力是做成一件事情的基本因素,但也要先选对目标再行动,南辕北辙或耗费精力,都不是明智之举。选对目标,正确地努力,你需要做到以下几点:

定位最适合自己的目标。定位你的阶段目标非常重要,目标不要定得过高,不易实现的目标会不断地让你产生挫折感和绝望。目标太易实现也不好,不利于你的快速成长,不能形成有效地挑战欲望。

确定正确的方法以节约你的时间。上帝是公平的,给予每个人的时间都是一样的,并非每个成功的人每天都比别人多几个小时,关键在于要善于合理地利用时间,随时注意节约时间。

要有面对枯燥从头到尾坚持不懈的耐力。重复创造了成功的人,而重复是枯燥的,枯燥的事情是使人孤独的。伟业的成就是建筑在枯燥和孤独的基础上的,任何小事也是如此。有人总结说,成功就是忍耐后的等待。

要找到一个甚至更多的对手一起竞争。没有竞争对手你就永远不知道你的加速度是多少,不知道该怎样奔跑。无敌最寂寞,所以,一定要找到你的对手。

掌握更多的共同资源。一个人能掌握的共同资源越多,拥有稀有资源的机会就越大。丹麦国宴上,总统的位子被排在第16位,有个记者不理解,问为什么不把总统排在第一位,前面的15位坐的是谁?侍者回答说,前面的15位是科学家,他们在国内的地位是无可替代的,是我们国家的宝贵财富,而总统我们随时都可以选出来。

一个人,当你能同时拥有上面几点素质时,你付出努力后获得理想结果的几率就会大大增加。能正确地努力的人,已经走在了由成熟向成功迈进的路上。

懂得借他力成事

荀子说："君子生非异也，善假于物也。"这个"假"字就是借的意思，人类借助外力行事，就能够无往而不胜。

一个成熟的人，既要有个人奋斗的气魄，又要有借力成事的谋略。能摆正努力奋斗的心态，把握借力行事的尺度，在个人奋斗和借力行事间找到一个平衡点。处于社会压力下的年轻人都渴望成功早日到来，但出身贫寒、学历低微、运气不佳、资源短缺等因素极大地限制了个人发展。出人头地、飞黄腾达的想法只能成为泡影，太多的希望到头来总是让自己无能为力，这是现实生活中众多年轻人共同的感受。

然而，我们也发现，众多和我们一样，资质平庸、运气较差、白手起家的人，却在几十年后，或身居高位，颐指气使，或闯荡商场，腰缠万贯。如此情形让很多人费解，他们是怎么和同处于普通的为生活琐事奔波的人拉开差距的呢？有心人发现了他们身上的共同点：除了靠个人坚强的意志和不屈的信念自己奋斗之外，他们在成功的道路上都主动寻求到了帮助自己的贵人，或者推动自己发展的力量。借力，是使得他们鹤立鸡群的一个关键因素。

大发明家爱迪生很早就给我们阐释了借力行事的方法。一天，爱迪生正在实验室专心致志地进行科学研究，有个朋友来看他，推门时十分费力，推了好几下才进去。客人向爱迪生抱怨："你这门也太紧了，竟使我出了一身汗。""谢谢，你用力推门已经给我屋顶上的水箱压进了几十升水。"爱迪生高兴地说。

对于那些有着聪明头脑的人来说，他们时刻不忘记借助他人的力量来减轻自己的劳力，帮助自己迅速、准确地实现目标。

在大自然中，水是借力而行的高手。如果水不借助来自地心的吸引力，来自向下的坠落力，来自同伴的相互推波助澜之力，水就会变得停滞不前。而水正是借助源源不断的各方力量，才能够由高而低地奔腾而下，才能够在平坦的路上也能够滚滚向前。借力使水增加了动力和活力，借力使水能够轻松地达到自己的目标。

能借者，使自己从本来没有变成了有，使自己从本来很少变成了相对较多，使单薄的力量变成双倍或者更多倍于原来的力量。诸葛亮草船借箭，使得没有一支箭的蜀吴联军一夜之间就拥有了数十万利箭；全球富豪比尔·盖茨当年创业之时，如果不是借助于IBM公司的力量，也难以迅速做大自己的事业。借使无变有，使小变大，使无名无势变得名势强大。借力可使自己有力，借名可使自己扬名，借钱可使自己有本钱。成功者不会拘囿于人，而总是根据人生事业的进展，只要能为我所用，都可以借来一用。能借善用，关系到人生目标和事业的成功。借得对，用得妙，就会大大裨益于自己的人生和事业。借用是没有本钱的买卖，是省自己之力，谋自己前程，只赚不赔的好买卖，善于借是成功人生的宝贵艺术。

人生于世，不可能精通所有事物，更不可能精通所有的专业技能。何况一个人的力量总是有限，即使是样样精通、各种能力都超群的人，相对于包罗万象的大千世界而言，也还是微不足道的。因此，要想取得非凡的成就，仅靠一个人的单薄之力是不足以支撑起整个天空的。现在做什么事情，都离不开人际关系，借他人之力使自己的人生获得强有力的外力支持和扶助，是聪明人做事的大智慧。

清朝康熙年间，内阁大学士李光第，才华卓著，为官正派，深得康熙皇帝的信任和器重。他曾以籍官的身份用蜡丸密封的方式向康熙上平闽之策。

施琅是福建晋江人，初为明总兵郑尧龙部下骁将，顺治三年十一月，随郑尧龙降清。因为坚决不从郑成功抗清，他的父亲、兄弟和儿子都被郑成功所杀。施琅不甘心于仅当一名骁将，为了得到朝廷的重用，他想尽办法接触李光地。当他知道李光地酷爱收藏古典孤本书籍时，毅然地卖掉了在京城的全部财产，耗白银达三千两买来了李光地久慕未得的古典孤本书籍，并亲自登门送给李光地。李光地深为感动，并与施琅结下了深厚友谊，又亲自向康熙皇帝引荐施琅，使施琅于康熙元年被提拔为福建水师提督。

康熙启用施琅之后，放手使用，大力扶持。施琅为了能在征剿过程中提升自己的权威，又在李光地的授意和协调下，把康熙皇帝的贴身侍卫吴启爵也要到了自己身边，因为施琅为臣多年，深知吴启爵受皇帝信任，请他随征，无异于钦差大臣。后来，吴启爵在关键时刻往来于福建和北京，传达皇帝旨意，制服反对派，对收复台湾起到了重要作用，成了施琅的又一靠山。

施琅初战失利，朝中反对征战的声音立即压过了主战派。此时此刻，李光地挺身而出，力主战争，给了施琅以极大的支持。终于压住了反战派，使施琅得以大显身手，把台湾收回到祖国怀抱，与大陆重新统一。

荀子说："君子生非异也，善假于物也。"这个"假"字就是借的意思，意思是说人类借助外力，就能够无往而不胜。

其实，我们天生就有借的本领。小时候我们天性使然地知道借助母亲的乳汁去延续我们那未知的生命；长大后我们学会了借助文凭去寻求一份好的工作；参加工作后我们知道了借助职位去展示自己的才华；寻求官位的知道借助人性的贪婪去达成自己的欲望；拥有官位的知道借助自己的职权去换取更大的成功。

借力是成熟的人惯用的处事之方，不同位置、才智不同的人，借力而行的策略和效果有着很大的差别。但借得坦荡，借别人之力又让人觉得心甘情愿是众人共同研习的一门艺术。也只有成熟的人，才能逐渐达到登峰造极的境界。

不懈地坚持到底

拥有耐心与毅力，比拥有聪明才智更能够有所成就。

一个成熟的人，不会在一时的困难面前低头逃避，更不会在遇到一次失败时就轻易选择放弃。坚持到底，是他们走在正确的道路上时，永远高呼的口号。

先贤早就告诫我们，世间最容易的事就是坚持，最难的事也是坚持。成功在于坚持，这是一个并不神秘的秘诀。如果我们愿意进一步地尝试和努力，那么原来的错误就是我们前进的阶梯。当对目标的追求变成一种执著时，你就会发现，你所有的行动都会带领你朝着这个目标迈进。只要我们投入100%的精力，去努力追求真正的价值，我们就会大有收获。

戴尔·卡耐基曾说："拥有耐心与毅力，比拥有聪明才智更能够有所成就，因此，当你遭遇到不顺利的事情时，请你千万不要气馁、不要放弃，只要坚持下去就会有所收获，因为有太多成功的人，都是因为坚持这一信念而战胜了一切！"

在现实生活中，特别是在生活的压力之下，一个人在从事一项事业，经过一段时间的努力后，如果仍没有得到想要的结果，往往就开始动摇起来，怀疑自己的努力是不是白费了。信念一动摇，就很难勇敢、无畏地在这条路上走下去。坚持到底、永不放弃的信念，不仅仅是对自我能力的一种考验，同时也代表着你经营生活的一种态度。人们在面对失败、挫折或者绝望的时候，放弃是最容易走的一条道路。但是，正是这一念之差，却可能导致以后的天壤之别，因为你的心态决定了你将获得长期胜利还是获得一连串的失败。

伟大的发明家爱迪生，他的成就不仅在于灵感的不断闪现，更在于有了灵感之后的坚持尝试和不懈实验。即使是遇到严重的挫折，他也未曾就此放弃自己的想法。1914 年，对爱迪生来说是戏剧性的一年，他的工厂在一场大火中付之一炬，损失了价值上百万美元的设备和所有的文件。第二天清晨，这位发明家在检视了焦黑的余烬后，说："灾难自有存在的价值。我们所犯下的错误，已经被全部烧毁，如今又是一个新的开始。"

随后，爱迪生不但开始动工建造新的车间，而且又开始发明一种新的灯——一种能够帮助消防队员在黑暗中前进的便携式探照灯。火灾对于爱迪生就像是一支小插曲，而当时爱迪生已经是 67 岁的高龄了。爱迪生如果没有在火灾后重新振作，今天的世界会是什么样子？他在遭逢生命中的逆境时，表现出来的积极态度和坚持到底的精神，更值得后人钦佩。

一个人的命运不在天定，不在别人，全在搏击，奋斗就有希望。爱迪生用自己的事迹告诉人们，失败的原因只有一种，那就是就此放弃。百分之九十的失败者其实不是被打败，而是自己放弃了成功的希望。成功与不成功之间的距离，并不是一道巨大的鸿沟，它们之间的差别只在于是否能够坚持下去。

开学第一天，古希腊哲学家苏格拉底对学生们说："今天咱们只学一件最简单的事儿。每人把胳膊尽量往前甩，然后再尽量往后甩。"说着，苏格拉底示范做了一遍："从今天开始，每天做三百次。大家能做到吗？"学生们都笑了，这么简单的事儿，有什么做不到的？

过了一个月，苏格拉底问学生们："每天甩手三百次，哪些同学坚持下来了？"有百分之九十的同学骄傲地举起了手。又过了一个月，苏格拉底又问，这次，坚持下来的学生只剩下八成。一年过后，苏格拉底再一次问大家："请告诉我，最简单的甩手运动，还有哪几位同学坚持下来了？"这时，整个教室里，只有一个人举起了手。这个学生就是后来的古希腊另一位伟大的哲学家柏拉图。

成熟的人总是这样慨叹，世间最容易的事就是坚持，最难的事也是坚持。说它容易，是因为只要愿意做，人人都能做到；说它难，是因为真正能够做到的终究只是少数人。法国启蒙思想家布封曾说过："天才就是长期的坚持不懈。"

始终全身心投入

成功不在于做了多少事情，而在于专注。全力以赴地投入你的热情和精力，不去预测它的结果。

年轻人都有急于求成的心理，当它迫切表现在理想和愿望上的时候，就会使人好高骛远。这些人较那些成熟的人相比，有一种通病，那就是在还没有看清自己的能力、兴趣之前，便一头扎进一些不切实际的追求之中，最终既耗费了美好的青春时光，也没有得到想要的结果。

对于那些不切实际、浅尝辄止、见异思迁的人来说，全身心、精力集中地做好一件事情很难，这也是致使他们未能达到成熟做事境界的最大障碍。

成功者这样告诫年轻人，有能力并不反映在能够做多少事情上，而是在于能够一心一意、全心全意地努力，并由此获得理想的结果。世上最大的损失，莫过于把有限的精力毫无意义地分散到很多事情上。例如一个有经验的园艺家，有时会把许多能够开花结果的枝条剪去，这在一般人看来一定觉得可惜，可是他为了使果实结得特别饱满，就必须忍痛将这些多余的枝条剪掉。我们与其把所有精力分散到许多无关紧要的事情上，不如看准一项最重要的事业，然后集中精力，埋头去干，这样更有机会收到良好的效果。

纵观历史，成千上万的失败者，最大的弊病并不是因为他们缺乏才干，而是因为他们过于分散自己的精力，而且从未深入其中。如果用自己所有的精力集中去培植一棵果树，那么它将来一定会结出十分美丽和丰硕的果实。正所谓“十年磨一剑”，这一剑必是锋利无比的，与只用几天磨出来的剑是不可同日而语的。我们常说“有所不为才能有所为”，强调的也是全身心投入的重要。

有一位画家，举办过上百次画展。在一次朋友聚会上，一位记者问他：“你成功的秘诀是什么？”

画家说道：我小的时候，兴趣非常广泛，画画、拉手风琴、游泳样样都学，还必须都得第一才行。这当然是不可能的。于是，我闷闷不乐，心灰意冷，学习成绩一落千丈。父亲知道后，并没有责骂我。晚饭之后，父亲找来一个小漏斗和一捧玉米种子，放在桌子上。告诉我说：“今晚，我想给你做一个实验。”父亲让我双手放在漏斗下面接着，然后捡起一粒种子投到漏斗里面，种子便顺着漏斗漏到了我的手里。父亲投了十几次，我的手中也就有了十几粒种子。然后，父亲一次抓起满满一把的玉米粒放到漏斗里面，玉米粒相互挤着，一粒也没有掉下来。父亲意味深长地对我说：“这个漏斗代表你，假如你每天都能做好一件事，每天都会有一粒种子的收获和快乐。可是，当你想把所有的事情都挤到一起来做时，反而连一粒种子也收获不到了。”

二十多年过去了，他一直铭记着父亲的教诲：“每天做好一件事，坦然地面对生活。”

把你的全部精力集中到某件事情中去，这就是顺利完成它的最大秘诀。对一个领域100%的精通，要比对100个领域各精通1%强得多。因此，拥有一种专门的技巧，要比那种样样不精的多面手更容易成功，以十五分的精力去追求十分的成果,它会带给我们一些真正意义上的收获。

人生中如果涉足的领域太多了,最终往往会一事无成。如果能够集中精力于某一个领域,就很可能成为某一个领域所向无敌的专家;如果总是四处出击,什么事都是浅尝辄止,那么不管做什么,最终只能了解一点皮毛而已。

一个人的精力是有限的,把精力分散在好几件事情上,不是明智的选择,而是不切实际的考虑。做好手边的事情,就能有所收益和突破人生困境。这样做的好处是不至于因为一下想做太多的事,反而一件事都做不好,结果两手空空。

想成大事者不能把精力分散在太多的琐事上,要关注其中的重点,全身心地投入其中。在某一段时间内,集中精力到一项工作中,你更容易把这件事情做好。

成熟的人懂得这样的道理:成功不在于做了多少事情,而在于专注。全力以赴地投入你的热情和精力,不去预测它的结果,也不要为已经过去的和未曾到来的事过分担心,但在不经意间却总能获得理想的结局。

CHAPTER2

第二章

本色做人，出色做事

生活中不仅有“真善美”，也有“假恶丑”。面对人性自私的一面，我们不得不学会保护自己、规避陷阱、变得精明。在复杂的社会中，仍能坚守自己的本性，依据自己的原则做人，这会让你变成最无法抗拒的一类人。做人的标准要求我们化繁为简，保持本色。

本色做人是一种品质，出色做事是一种能力。平凡的我们，不能甘心走在平庸的轨迹上。“天地生人，有一人，当有一人之业；人生在世，生一日，当尽一日之勤”。始终辛勤地耕耘，创新、冒险、开拓，能干、肯干、苦干，努力抓住命运的拐点，才能用出色的能力换取成功的果实。

保持正直，坚守本色

在复杂的情况下，仍能坚持正直的信念，这会让你变成最无法抗拒的一类人，而且不断受到他人的欢迎。

如果没有一个标准，世界就会失去稳定性。如果每个人都按自己的意愿行事，这个世界就会混乱一片。如果想要在社会上生存，我们就必须要有一套做人的标准和行事准则。道德与金钱一样，如果没有一个价值标准，就无法作出评判。

有这样一段蕴含哲理的话：

“人应该有一个正直行事的标准。一个正直者的美德比不正直者的祭品更能让人接受。正直是永恒的，它可以与人一起进入坟墓。正直者的名字不会在地球上消失，因为他是正直的，所以，他将永远被人铭记。他的美德就是他的纪念碑。”这段话是至理名言，并且已经为事实所证明，不会因为社会文明的进展而磨灭。

当一个人刚刚来到这个世界上时，摆在他面前的就有两条不同的道路，一条通向毁灭，一条则通向平稳、持久的快乐。无论在行为方式还是道德观念上，我们都不能因为痛苦而放弃原有的标准。人类之所以充满希望，其原因之一就在于人们似乎对正直具有一种近于本能的识别能力，而且不可抗拒地被它所吸引。它会给人们带来许多好处：友谊、信任、钦佩和尊重。正如雨果在《悲惨世界》中所说：“做一个圣人，那是特殊情形；做一个正直的人，那却是为人的正轨。你们尽管在歧路徘徊，失足，犯错误，但是总应当做个正直的人。”

每个人的生命里都在做着各种各样的选择题，一些可以多选，一些只能单选。任长霞是河南省公安系统有史以来的第一位女公安局长，从警21年来，任长霞讲过最多的一句话是："我选择了太阳底下最神圣的职业。"在河南登封，她的办公室电话和手机号码都是公开的，几乎所有市民都知道。在任期内，她曾用一个星期跑遍了登封市17个区、乡、镇的派出所和民警谈心，到老百姓家里去了解实际的困难，在全市发放了1.5万份征求意见表。她在全局范围内以笔试和面试的形式公开招聘派出所所长，进行大刀阔斧的整顿和改革。市局现任8名副局长中，有一半是从基层派出所提拔的。她还为登封最西部的山坳里的王堂村修柏油路，给岌岌可危的崔疙瘩村小学建新校舍……自从她上任以后，登封市的面貌大有改观，原先积累下的不少大案，也连续破获。在她不幸牺牲后，每天都有数十万名市民自发到医院吊唁，高峰时达到20万人，而登封市人口总数不到63万。老百姓对她的评价，最突出的是"办实事"、"不收礼"、"不收钱"。郑州市公安局副局长杨玉章说："任长霞绝对是出类拔萃的警察。"

她为什么能做到有些警察做不到的呢？任长霞认为，当警察本身是为了实现人生理想，而不是为了别的。她说："从小我看到男警察或女警察时，当时穿的衣服的颜色都是上白下蓝，看着非常羡慕，就想着自己将来也要成为一个警察。我觉得这个职业挺崇高的，也是我从小的理想和做人的方向。"

走上社会以后，面对强大的外力，人越来越容易妥协，昔日的理想和信条在岁月的流逝中很容易消失。在这一过程中，书生气也就在一点点地消逝着，人也变得光滑起来。怎样才能做一个正直的人呢？大胆地说出自己真实的想法，用诚恳的心对人，直截了当地表明自己的立场，不把负面的情绪憋在心里。不要落井下石，不要火上浇油，不要口蜜腹剑，要相信诚实的心可以换取明白人的信任，要相信诚信所具有的价值。当你做到这些的时候，它本身所具有的力量就会令你折服，使你在所不辞地继续践行。最终，你会明白，几乎任何一件有价值的事，都包含它自身不容违背的正直的内涵。

无论你从事何种职业，你不但要在自己的工作中做出成绩，还要在自己做事的过程中建立自己高尚的品格。这样，你的职业生涯和生活才能有重大的意义。在做一个律师、一个医生、一个商人、一个职员、一个农夫、一个议员，或者一个政治家时，你都不要忘记：你是在做一个"人"，要做一个具有正直品格的人。无论有多大的利益，多么难以抵制的诱惑，千万不可出卖你的人格。青年人在刚踏入社会的时候，便决心把建立自己的品格作为以后事业的资本的话，做任何事情，都无悖于养成完美人格的要求，那么，即使他无法获得盛名与巨大的利益，但终不至于失败。如果一个人过分地追逐名利，将会败坏他的才能，毁灭他的品格，使他做出违背良心的事情来。人格堕落、丧失操守的人，永远也不能成就真正伟大的事业。

正如同信任是所有人际关系的基础，正直就是这种信任的具体表现。正直的人是有魅力的，他们在内心会对自己以及自己的作为深表认同。因为正直而深深地吸引了人们，物以稀为贵。像戴高乐和林肯这样的伟人，他们的人格力量最重要的来源就是他们的正直。在复杂的情况下，仍能坚持正直的信条，这会让你变成最无法抗拒的一类人，而且不断受到他人的欢迎。当你很诚实地对待自己及周边的人，你就会非常讶异地发现你对自己的感觉有多么的好。

学会忍耐，铸造本色

俗话说："忍字头上一把刀。"人在成长的过程中，会经历各种各样的磨练，忍耐也是其中的一种。人活一世，很多的时候都需要忍耐，而不伤原则的忍耐往往是坚持本色做人的一种巧妙的方法。

人活于世，必然会遇到许多障碍和苦难。身体的痛苦较容易克服和战胜，精神和思想上的羁绊与压力，也许更容易让一个人失去自己做人的原则。

本色做人，在用自己的独特思想开拓人生之时，在漫长的前行之路上，成功总是来之不易，黎明也总是在黑暗的焦灼中逐渐到来。因此，一个人要取得突破，必然要勇于坚持，在坚持中一步步忍耐。

俗话说："忍字头上一把刀。"人在成长的过程中，会经历各种各样的磨练，忍耐也是其中的一种。人活一世，很多的时候都需要忍耐，而不伤原则的忍耐往往是坚持本色做人的一种巧妙的方法。

做人要学会忍耐，不会忍耐往往会因小失大。一个人在流言飞语面前，在受到不公正待遇的时候，尤其是在身处逆境的时候，更要学会忍耐，要相信乌云总是遮不住太阳的，是金子放在任何地方都会放光。忍耐不是弱者的音符，它是强者的策略，忍耐往往与成功相伴。

通往成功的道路往往是漫长而曲折的，它需要我们有持久的耐心以及不断进取的耐力。如果你没有足够的忍耐力等待成功的到来，那么你就得忍受一生的失败。

有一位年轻人毕业后被分配到一个海上油田钻井队工作。在海上工作的第一天，领班要求他在限定的时间内登上几十米高的钻井架，把一个包装好的漂亮盒子拿给在井架顶层的主管。年轻人抱着盒子，快步登上狭窄的、通往井架顶层的舷梯，当他气喘吁吁、满头大汗地登上顶层，把盒子交给主管时，主管只在盒子上面签下了自己的名字，又让他送回去。于是，他又快步走下舷梯，把盒子交给领班，而领班也是同样在盒子上面签下了自己的名字，让他再次送给主管。

年轻人看了看领班，犹豫了片刻，又转身登上舷梯。当他第二次登上井架的顶层时，已经浑身是汗，两条腿抖得厉害。主管和上次一样，只是在盒子上签下名字，又让他把盒子送下去。年轻人擦了擦脸上的汗水，转身走下舷梯，把盒子送下来，可是，领班还是在签完字以后让他再次送上去。

年轻人终于开始感到愤怒了。他尽力忍着不发作，擦了擦满脸的汗水，抬头看着那已经爬上爬下了数次的舷梯，抱起盒子，步履艰难地往上爬。当他上到顶层时，浑身上下都被汗水浸透了，汗水顺着脸颊往下淌。他第三次把盒子递给主管时，主管看着他慢条斯理地说："把盒子打开。"

年轻人撕开盒子外面的包装纸，打开盒子——里面是两个玻璃罐：一罐是咖啡，另一罐是咖啡伴侣。年轻人终于无法克制心头的怒火，把愤怒的目光射向主管。主管又对他说："把咖啡冲上。"此时，年轻人再也忍不住了，"啪"的一声把盒子扔在地上，说："我不干了。"说完，他看着扔在地上的盒子，感到心里痛快了许多，刚才的愤怒发泄了出来。

这时，主管站起身来，直视他说："你可以走了。不过，看在你上来三次的份上，我可以告诉你，刚才让你做的这些叫做'承受极限训练'，因为我们在海上作业，随时会遇到危险，这就要求队员们有极强的承受力，承受各种危险的考验，只有这样才能成功地完成海上作业任务。很可惜，前面三次你都通过了，只差这最后的一点点，你没有喝到自己冲的甜咖啡，现在，你可以走了。"

忍耐也是一种本色，是一个人意志力与耐力的体现。虽然它大多数的时候是痛苦的，但是成功往往就是在你忍耐了常人所无法承受的痛苦之后，才出现在你面前的。忍耐是沉默的，不懂得忍耐真正含义的人往往会功亏一篑。

忍耐不是逆来顺受，放弃尊严，它是历练人性的一种手段，是本色做人的一种方法，拥有忍耐你将走得更远。忍耐可以使人相信，黑暗即将过去，黎明很快就会到来。

百忍成钢，人生就像一个锻造的过程。忍耐就好比一块待造的铸铁，不仅要忍受高温的熔炼，还要禁得住铁锤的敲打，在这种残酷的磨砺之下，在思想的焦灼中，考验一个人是否能坚持做人的原则，从而逐步锻造出最本色的自己。

尊重自己，展现本色

你要是看重自己，那不管你怎样的无价值，别人也会尊重你。

如果说用微笑面对挫折是人生的一种境界，那么用自尊对待生活就是一种最基本的人生态度。一个人可以没有鲜花和掌声，但是不能没有自尊。不管别人是否尊重你，自己要尊重自己。自尊不是自私，自尊也不是妄自尊大，自尊是做人最起码的处世原则。

都说尊严无价，其实尊严也是有价钱的，说“无价”只是说尊严的价钱太高了，达到了无法用具体价钱来衡量的地步。每个人都有尊严，从三岁的孩子，到耄耋的老人。人的身份不同，尊严在心里的价钱自然也就不同。

自尊能给人带来快乐、满足和有意义的生活。自尊的人会乐观地面对生活，他们有激情，有雄心，有自信，感觉敏锐，他们表现出色，勇于冒险，乐于接受新的机遇和挑战。有自尊的人会明显地表现出对自己、对别人、对家庭和对国家的负责的态度，没有自尊的人恰好相反，这就是自尊的作用。

有一个油漆工，他有一个十分懂事的儿子，他的名字叫沃尔顿。他不仅读书非常努力，而且十分孝顺父母，闲暇的时间也常常跟着父亲去给人干活。不久，沃尔顿考上了美国著名的耶鲁大学，但家里拿不出足够的学费，他决定去打工挣钱上学。凭着他精湛的油漆技术，他接到一个工作，负责粉刷一栋房子的门窗。主人对他讲究质量的认真负责的精神十分赞赏。

可就在他支起刚刷好的最后一扇门时，一不小心，门倒在了一面墙上，雪白的墙上划出了一道漆痕。沃尔顿觉得这是自己的责任，所以他把墙上的漆痕刮掉，再拿涂料补上。可是，补上涂料之处，与整面墙有轻微的不协调。于是，他再买来涂料，将整面墙重新粉刷一遍。

可这样一来，这面墙又与整间房子的其他墙面有些不协调。虽然不细心看看不出来，但为了墙面颜色一致，他将全部内墙全部粉刷了一遍。他向主人说明了情况，请主人预支钱给他买涂料，并表示，这涂料钱从工钱里扣。主人很欣赏沃尔顿的认真负责的精神，问道："这样，你就没剩多少工钱了。"他回答说："这是我的作品，不能留下让人指点的瑕疵。"这房子的主人是个老板，叫迈克尔，后来他资助沃尔顿读完大学，还将女儿嫁给了沃尔顿。

十年后，他将公司交给沃尔顿经营。沃尔顿接手公司以后，不断扩张，使这个从美国中部阿肯色州的本顿维尔小城崛起的企业，发展成为连锁店达四千多家，不仅布满全美，而且遍布世界各地。这就是名列世界五百强的沃尔玛零售公司。

做人应该像沃尔顿一样，有强烈的自尊心，并且把自尊作为自己做人最靓丽的本色，在生活的点点滴滴中体现出来。要做一个值得别人尊敬的人，首先要尊重自己,从细微处做起,对自己的工作负责。

在遇到困难和挫折时,自尊也会受到或多或少的威胁,面对这种威胁,我们应采取哪种态度来对待呢?自尊自信的人,能够奋发向上,自强不息,征服挫折和战胜失败,在挫折与失败中获得成功。而丧失自尊的人,往往自暴自弃、自轻自贱,总是悲观地看问题,只会想到事情不好的一面。所以,没有自尊和自信的人,是不可能在事业上取得成功的。

世界上有很多人,无论什么人,都有自尊的权利,自尊不会因为贫穷而有所减少,相反,如果我们是个穷人,我们的自尊心会更强,对别人的轻视也会更为敏感。因此我们要用自己的长处来捍卫我们的自尊心,用爱心和热情去保护他人的自尊。

有人说过,人受到的震动有种种的不同:有的是在脊椎骨上;有的是在神经上;有的是在道德感受上;而最强烈、最持久的则是在个人尊严上。

自尊是一个人的脊梁,自尊是无畏的气概,自尊是一个人基本的操守,自尊的人拥有生命的本色。

宽容他人,提炼本色

一个人如果不能从内心去原谅别人,那他就永远不会心安理得。心中装满着自己的看法与想法的人,永远听不见别人的心声。

法国19世纪的文学大师维克多·雨果曾浪漫地说道:“世界上最宽阔的是海洋,比海洋宽阔的是天空,比天空更宽阔的是人的胸怀。”

宽容是一个人至高无上的美德。宽容是人类情感中最重要的一部分,这种情感能融化心头的冰霜。多一些宽容,人的生命就会多一份空间,多一份爱心;人们的生活就会多一缕阳光,多一份温暖。

宽容为怀是解决问题的最好途径。待到你的勇敢战胜了一个个困难,你的慎重一再避免了失误,你的真情融化了别人心头的坚冰,你的灵活使你化险为夷、转危为安,你的让步给双方带来了更广阔的天地,你的赞美得到了公众一致的认可,人们便会更加理解你、信任你。美国总统林肯在别人批评他与敌人做朋友而不是去消灭他们时,曾十分温和地说:“当他们变成我的朋友时,难道我不是在消灭敌人吗?”

西汉末年,刘秀大败王郎,攻入邯郸,检点前朝公文时,发现大量奉承王郎、侮骂刘秀,甚至谋划诛杀刘秀的信件。可刘秀对此却视而不见,不顾众臣的反对,全部付之一炬。他说:“如果追查,将会使许多人恐慌,甚至成为我们的死敌。而不计前嫌,可化敌为友,壮大自己的力量。”刘秀的宽容使自己尽揽人才,终成帝业。在“鲍管分金”的故事里,鲍叔牙不但不计较管仲的自私,还把管仲推荐给齐桓公,辅佐齐桓公完成了霸业,管仲因此得以载入史册。

人与人相处,磕磕碰碰总是难免的,如果一味计较,就会没完没了,烦恼不断。如果人人都能胸襟开阔,容得下别人因一时糊涂所做的错事,那么我们这个社会无疑会安宁许多。曾读过一篇小说,主人公是一位主妇,弥留之际,她让相濡以沫几十年的老伴给自己戴上那枚结婚戒指。老伴泪流不已,抱着老妻坦白了自己多少年前做的一件错事:结婚时因为穷,送给她的戒指其实是请铜匠打造的假首饰。在老伴的哭泣声中,老妇平静地说,“我早就知道了,但这么多年来,你待我的心可是真的啊……”话音刚落,老妇安然而去。老妇明知丈夫送她的结婚戒指不值几文,却不忍戳穿,精心保存,并且在与丈夫生活的几十年的人生旅途中,始终严守秘密。临终之言,不啻为自己生命的天宇抹下了最后亮丽的一笔。

宽容不仅需要“海量”,更需要智慧。事实上,只有胸襟开阔的人才会自然而然地运用宽容,宽容是智者深沉而无声的教诲。

一位德高望重的长者,在寺院的高墙边发现一把坐椅,他知道是有人借此越墙到寺外。长老搬走了椅子,凭感觉在这儿等候。午夜,外出的小和尚爬上墙,在跳到“椅子”上时,他觉得“椅子”不似先前硬,软软的甚至有点弹性。落地后小和尚定眼一看,才知道椅子已经变成了长老,原来他跳在了长老的身上,后者是用脊梁来承接他的。小和尚仓皇离去,这以后的一段日子,他诚惶诚恐地等候着长老的发落。但长老并没有这样做,根本没提及这“天知、地知、你知、我知”的事。小和尚从长老的宽容中获得了启示,他收住了心再没有去翻墙,通过刻苦修炼,成了寺院里的佼佼者,若干年后,成为了这儿的长老。无独有偶,有位老师发现一位学生上课时常低着头在画些什么,有一天,他走过去拿起学生的画,发现画中的人物正是龇牙咧嘴的自己。老师没有发火,只是憨憨地笑着,要学生课后再加工画得更神似一些。自此,那位学生上课时再没有画画,各门课都学得不错,后来他成为了颇有造诣的漫画家。

宽容是一种生存的智慧,长老的宽容唤起了小和尚自尊自强的潜意识,引领他走上了正确的人生之路;宽容是生活的艺术,懂得宽容的人,往往想得开、放得下,因为他们明白:处世让一步为高,退步即是进步;待人宽一分是福,利人实是利己。宽容是快乐做人的根本,尺有所短,寸有所长,要学会欣赏别人的优点,包容别人的不足;宽容是用微笑面对人情冷暖,是非善恶;宽容放宽肚量,坦然接受,让路越走越宽。

乐观豁达,提升本色

如果某件事情变得永垂不朽,那是因为人们在做这件事情的时候充满了一种乐观的精神。

谁是这个世界上最快乐的人?如果对各种形式的快乐进行观察和研

究，我们就会发现，每个快乐的人在做某件事情的时候都心无旁骛而且充满兴趣，在做事情的过程中全然忘记了自我。正是这种自我展示的心理造就了成功，而不是成功之后的荣耀和所要做的事情本身造就了成功。哲人说，如果某件事情变得永垂不朽，那是因为人们在做这件事情的时候充满了一种乐观的精神。

如果一个人一辈子有钱、有权、有名、有利，但他没有快乐，那也只能算是虚度此生。快乐的人知道，快乐是人生最重要的价值，也是一种对人生目标的追求。而那些经常抱怨生活，或者放弃人生追求的人，他们羡慕别人的快乐，也希望自己活出快乐，但他们总是跨不进那扇快乐的生命之门。

生活就像一面镜子，你对它哭，它亦哭，你对它笑，它亦笑。乐观的人习惯用积极的方式解释问题，悲观的人则会把问题做负面解释；乐观的人会把差别抛诸脑后，拒绝停留在问题上；悲观的人认为问题出在他们的短处；乐观的人会不断地去思考如何做才能做得更好，而悲观的人往往会停在自己做错的地方，变得堕落、沮丧。

我们都知道，良好的心态会让人心旷神怡，潇洒生活；消极的心态会让人失去生活的动力和目标，产生厌世感，最终将会一事无成。美国有一句名言："乐观是恐惧的杀手，而一个微笑能穿过最后的皮肤。"这句话形象地说明了乐观的力量不可抵挡。做一个简单快乐的人，积极地笑一笑对于你来说不是一件难事，也许随着生活压力的增加你发现有时候真的是烦躁不安，无法笑出来。这个时候就会特别消极，但你要知道，每件事都只看它的光明面，就没有什么过不去的。

乡村有一对清贫的老夫妇，有一天，他们想把家中唯一值钱点的一匹马拉到市场上去换点更有用的东西。老头牵着马去赶集了，他先与人换了一头母牛，又用母牛换了一只羊，再用羊换来了一只肥鹅，又把鹅换了母鸡，最后用母鸡换了别人的一大袋烂苹果。但在每次的交换中，他都想给老伴一个惊喜。

当他扛着大袋子来到一家小酒店歇息时，遇上了两个英国人。闲聊中，他谈了自己赶集的经过，两个英国人听得哈哈大笑，说他回去准得挨老婆一顿揍。老头说绝对不会，英国人就用一袋金币打赌，于是三人一起回到老头家中。老太婆见老头子回来了，非常高兴，她兴奋地听着老头子讲赶集的经过。每听老头子讲到用一种东西换了另一种东西时，她都充满了对老头的钦佩。最后听到老头子背回一袋已经开始腐烂的苹果时，她同样不生气，大声说："我们今晚就可以吃到苹果馅饼了！"结果，英国人输掉了一袋金币。

不要为失去的一匹马而惋惜或埋怨生活，既然有一袋烂苹果，就做一些苹果馅饼好了。如果你也这样想，这表示你对降临到身上的事会采取积极的解决方式，你会把困难和挫败视为珍贵的教训或机会。你拒绝让问题在心中挥之不去，或是归咎于个人的无能。你会耸耸肩膀然后告诉自己和他人："下一次就不一样了。"这样生活才能妙趣横生、美满幸福，而且，你才可能获得意外的收获。

张海迪说："我是一个有理想的人，不愿意一生无所作为，成为一个无聊的人。不多学些东西，我就不舒服。我愿把我的一生献给我喜爱的事业。我的腿虽然不好，可是多年来我一直是那样的乐观，对美好的生活充满激情。"以悲观的态度面对人生，有太多的不利；你随时会担心失败，因此宁愿不去尝试新的事物，尤其当遇到困难时，你的悲观会让你觉得人生更灰暗、更无法接受。悲观会使人产生沮丧、困惑、恐惧、气愤和挫折的心理。解决这种状况的唯一办法，是以积极的态度来面对每一件事或每一个人，即使你偶尔仍会感到失望，但逐渐地，你会对人生增加信心，胜过原来消极态度带给你的影响。

遇到不顺心的事，或向朋友、亲人倾诉，以缓解郁闷的情绪；或自我放松，多参加休闲运动和集体活动，搞好人际关系。你会发觉你的每一天都是快乐的。对世俗复杂的环境能避开的就避开，不要轻信别人的胡言乱语，要坚定自己的信念。相信自己的能力，一定能将工作做得更好。无论何时，请坚信乐观是心胸豁达的表现，乐观是生理健康的目的，乐观是人际交往的基础，乐观是工作顺利的保证，乐观是避免挫折的法宝。

“生活中会有许多不如意甚至不合理的事，也许凭我们个人的力量无法改变，但我们却可以改变自己的心情和态度。”学者于丹曾说，“乐观、积极、向上的心态可以给人带来更加快乐幸福的生活。”这应该成为我们所追求的方向。

选择比努力更重要

人生在世会面临许多选择，有时一个选择可以决定你一生的命运，一个选择可以扭转一个乾坤。但是谁也不能保证谁的选择永远是正确的。

一分耕耘，一分收获，做的事情越多，成功的几率越大，这个道理我们从小就知道，但是在我们的生活中，苦苦打拼却毫无结果的例子也很多。殊不知，如果没有一个正确的方向，做再多的事情，做再多的努力也是没有用的，反而，朝着不正确的方向努力越多，离目标就越远。

有一个非常勤奋的年轻人，很想在各个方面都比身边的人强。经过多年的努力，却仍然没有太大的长进，他很苦恼，就向智者请教。

智者叫来正在砍柴的3个弟子，嘱咐说，你们带这个施主到五里山，打一担自己认为最满意的柴火。

年轻人和3个弟子沿着门前湍急的江水，直奔五里山。

等到他们返回时，智者正在原地迎接他们。年轻人满头大汗，气喘吁吁地扛着两捆柴，蹒跚而来；两个弟子一前一后，前面的弟子的扁担两头各挂4捆柴，后面的弟子轻松地跟着。而江面飞来一只木筏，载着小弟子和8捆柴，停在智者面前。

年轻人和两个先到的弟子，你看看我，我看看你，沉默不语；唯独划木筏的小徒弟，与智者坦然相对。智者见状，问："怎么啦，你们对自己的表现不满意？"

"大师，让我们再砍一次吧。"那个年轻人请求说，"我一开始就砍了6捆柴，扛到半路，扛不动了，扔了两捆；又走了一会儿，还是压得喘不过气，又扔掉两捆；最后，我只把这两捆扛了回来。可是，大师，我已经很努力了。"

"我和他恰恰相反，"那个大弟子说，"刚开始，我俩各砍两捆柴，我和师弟轮换担着，不但不觉得累，而且感到轻松了很多。最后又把施主丢弃的柴挑了回来。"

用木筏的小弟子接过话，说："我的个子矮，力气小，这么远的路也挑不回来，所以，我选择用木筏，走水路……"

智者用赞赏的目光看着弟子们，微微颔首，然后走到年轻人面前，拍着他的肩膀，语重心长地说："一个人要走自己的路，本身没有错，让别人说，也没有错，关键是走的路是否正确。年轻人，你要永远记住：选择比努力更重要。"

故事中，年轻人单打独斗，按传统的思想做事，尽管累得汗流浃背、气喘吁吁，但仅挑回来了两担柴。大弟子二人采取协作的办法，两个人轮换挑柴，轮换休息，挑回8捆柴，平均每人4捆，效率提高1倍。小弟子用木筏走水路载运，弥补了自己个子矮、力气小的缺点，一个人却弄回了8捆柴，效率又比前者提高1倍，比年轻人提高3倍。这说明了什么问题呢？4个人，大家都在为同一个目标而努力，可是因为他们选择的方法不同，得到的结果也就完全不同。因此要想把事情做得出色，做得完美，一个正确的选择是至关重要的。

古人云，鱼和熊掌不可兼得。人的一生，会遭遇许多两难的问题，需要我们不断地做出选择，选择某些东西就意味着放弃了另外一些东西。有时我们所面对的可能并非西瓜和芝麻这样简单的选择，它有可能是两份同样难以割舍的感情，也可能是两个同样让人垂涎的工作。面对这种局面，我们到底应该怎样选择呢？记住，有些时候所谓的放弃也是选择。

从前，有一只倒霉的狐狸被猎人设套套住了一只爪子，它毫不迟疑地咬断了那只小腿，然后逃命。放弃一只腿而保全一条命，这是狐狸的哲学，人生也应该如此。有时候放弃或许才是一种更好的选择。固执地不肯接受任何新的改变会错失许多成功的契机。选择放弃不仅是一种理性的表现，更是一种豁达的行为。趋利避害，这才是放弃的实质。智者云："两弊相衡取其轻，两利相权取其重。"如果你的手头上有很多工作要处理，你就要选择一下，哪些是重要的必须先做，哪些是次要的可以后做或者不做，放弃那些无用又牵扯精力的事情，集中精力去做最重要的事，才会把事情做得出色。

人生有太多的选择，可以不夸张地说，我们每天每分每秒都在做选择，也许就在你的一念之间就改变了你一生的命运！谁都希望能做最好的选择，可是人生没有最好的选择，只有最适合的选择。读书如此、工作如此、恋爱婚姻也是如此！其实选择并不难，难就难在如何才能找到真正合适自己的选择。

人们总是这样说："锲而不舍，金石可镂。"人生苦短，韶华难留。选择目标之后，就一定要坚持做下去。但是如果目标确实不合适或者某些条件不允许，经过一番努力仍不见成绩，那就不如学会放弃，另辟蹊径。如此，才有可能柳暗花明，再展宏图。

人生旅途，几度风雨，有所得也必然有所失。我们做事不求绝对完美，但求尽心尽力，为了自己的努力不白费，为了有一个成功的人生，我们做每件事之前都要仔细选择，不能为了做而去做，要做就力求做到出色。

敢于担当你的责任

责任是一种无形的约束力，是社会赋予每个成员的一种约定俗成的规定。在责任之中，最能体现人性的光辉。

对于那些有能力的人来说，他们从不逃避自己应当承担的责任。他们深知，勇于承担责任也是一种能力训练，它不但不会把人压趴下，反而会提升一个人的层次，不能担当起责任的人，永远成不了大器。正是在强烈的责任心的驱使下，才使一个人处理事情时，努力把它做到最好、最出色。

胡适曾说，“睡着时梦见生活是美人，我醒来时发现生活是责任。”然而，现实生活中的许多年轻人，特别是那些刚入职场的新人，由于负担压力和缺乏信心等原因，他们对工作乃至生活总是持观望态度。即使一个梦寐以求的机会摆在面前，他们也会认为自己人微言轻，起不了什么作用，更乐于等待领导发话让自己担当责任，这样，即使最后弄得惨淡收场，也不至于受到过多的责备和连累。

聪明的人恰恰相反，他们从不被动地等待别人将责任施加于身。他们明白，该是自己承担的责任总归无法逃避。俗话说，伸头一刀，缩头也是一刀。不如自己主动出击，至少会拥有积极的心理暗示和较强的自信心。

成功者这样告诫后来人，责任心是成就大事的第一道门，当你敞开这扇门，让它照射进温暖的阳光时，你的人生也会因此而发生改变。

有一天，一位小男孩正和伙伴们玩足球，玩得正高兴的时候，一不留神，小男孩将足球踢到了邻近一户人家的窗户上，一块窗户的玻璃被击碎了。

一位老人立即从屋里跑出来，勃然大怒，大声责问是谁干的。伙伴们纷纷逃跑了，小男孩却走到老人跟前，低着头向老人认错，并请求老人的宽恕。然而，老人却十分固执，小男孩委屈地哭了。最后，老人同意小男孩回家拿钱赔偿。

回到家，闯了祸的小男孩怯生生地将事情的经过告诉了父亲。父亲并没有因为其年龄还小而开恩，而是板着脸沉思着一言不发。坐在一旁的母亲总是为儿子说情，开导着父亲。过了不知多久，父亲才冷冰冰地说道："家里虽然有钱，但是他闯的祸，就应该由他自己对自己的过失行为负责。"停了一下，父亲还是掏出了钱，严肃地对小男孩说："这 15 美元我暂时借给你赔人家，不过，你必须想办法还给我。"小男孩从父亲手中接过钱，飞快地跑过去赔给了老人。

从此，小男孩一边刻苦读书，一边用空闲时间打工挣钱还父亲。由于他人小，不能干重活，他就到餐馆帮别人洗盘子、刷碗，有时还捡些破烂。经过几个月的努力，他终于挣到了 15 美元，并自豪地交给了他的父亲。父亲欣然的拍着他的肩膀说："一个能为自己的过失行为负责的人，将来一定是会有出息的。"

许多年以后，这位男孩成为了美利坚合众国的总统，他就是里根。后来，里根在回忆往事时，深有感触地说：那一次闯祸之后，使我懂得了做人的责任。

纵观历史，我们发现，天下其实是给有责任感的人准备的，伟人们以人间疾苦为己任，责任就成了他们上升的动力。而不敢承担责任的人，连自己身边的事也处理不明白，何谈图谋伟业呢？

勇于承担责任，是受人信任的基础。歌德说，责任就是对自己要去做的事情有一种爱。对于普通人来说，对自己说过的话负责，是担当责任的第一步。

英国 20 世纪著名的政治家福克斯受到了很多人的敬仰，他以敢于对自己说过的话负责获得了政界较高的赞誉。

当福克斯还是一个孩子时，有一次，福克斯的父亲打算把花园里的小亭子拆掉，再另行建造一座大一点的亭子。小福克斯对拆亭子这件事情非常好奇，想亲眼看看工人们是怎样将亭子拆掉的，他要求父亲拆亭子的时候一定要叫他。小福克斯刚巧要离家几天，他再三央求父亲等他回来后再拆亭子，福克斯的父亲敷衍地说了一句："好吧！等你回来再拆亭子。"

过了几天，等小福克斯回到家中时，却发现旧亭子早已被拆掉了，小福克斯心里很难过。吃早饭的时候，小福克斯小声地对父亲说："你说话不算数！"父亲听了觉得很奇怪，说："不算数？什么不算数？"原来父亲早已把自己几天前说过的话忘得一干二净。老福克斯听到儿子的话后，前思后想，决定向儿子认错。他认真地对小福克斯说："爸爸错了！我应该对自己说过的话负责！"

于是，老福克斯再次找来工人，让工人们在旧亭子的位置上，重新盖起一座和旧亭子一模一样的亭子，然后当着小福克斯的面，把"旧亭子"拆掉，让小福克斯看看工人们是怎样拆亭子的。

后来，老福克斯总是说："对自己的言语负责，这一点比万贯家财来得更为珍贵！"

我们在对一件事进行评论或者给予他人承诺时，应该认真严肃，要对自己曾经说过话、许过的诺言负责，否则不仅会失信于人，使你流于小人的行列，更会使你失去许多成功的机会。

其实，只要做事就意味着责任，我们每个人都要扮演一定的社会角色，大到对社会的责任，小到对自己和家人的责任。正是因为知道自己的责任所在，所以对人生的每一步都会仔细考虑，不会去计较个人的一点得失，也不会太注重一时的成败。

责任可以使人做事出色，敢于承担责任，也会获得更多的机会。

迈克和汉斯是新到速递公司的两名普普通通的职员，他们的经济情况都很一般，有时甚至没有多余的钱去用于娱乐。他们是工作搭档，工作都很认真，也很卖力。一次，他们俩负责送一个古董到码头。这个古董很贵重，上司反复叮嘱他们要小心。

但没想到，车开到半路却坏了，这时距离码头也没有多远了，他们决定背过去。迈克背起古董，一路小跑，终于按照规定的时间赶到了码头。但在这时，汉斯却说："我来背吧，你去叫货主。"汉斯心里暗想，如果客户把这件事告诉了老板，老板也许还会给我加薪呢！他只顾幻想，当迈克把古董递给他的时候，他却没接住，"哗啦"一声，古董掉在地上碎了。

迈克和汉斯都知道，古董打碎了不仅意味着被解雇，可能还要背负沉重的债务，以自己的经济状况，怎么能承担得起，自己以后的生活也会因此改变。回到公司，老板对他俩进行了严厉地批评。

"不是我的错，是迈克不小心弄坏的。"汉斯偷偷来到老板的办公室，对老板说。老板平静地说："谢谢你，我知道了。"

随后，迈克也把事情的原委告诉了老板，最后迈克说："这件事情是我们的失职，我愿意承担责任。我一定会弥补上我们的损失的。"

事实上，老板早已查清了事情的真相，出了问题之后，迈克勇于承担责任的做法让他极为欣赏，结果迈克升了职，而汉斯却聪明反被聪明误，只能被解雇了。

对待工作的责任、态度直接表现了一个人的敬业精神和道德品行，并决定了他的事业所能达到的高度。在面对自己工作的责任时，选择承担，还是选择逃避，使得他们的人生境遇发生了不同的转变。放弃了自己应承担的责任，就意味着放弃了自己在这个社会中更好地生存的机会，就等于在可以自由通行的路上自设路障，摔跤和绊倒的也只能是自己。

在这个世界上，没有不需要承担责任的工作，敢于承担责任，你给人的印象不但不会受到损失，反而更容易赢得别人的尊敬和信任，你在别人心目中的形象反而会高大起来。缺乏责任感的人，首先失去的是社会对自己的基本认可，其次失去的是别人对自己的信任与尊重。

有一些成功人士，最常说的一句话就是“我是主事者，我负全责”，这不是偶然的。成功者都相信，无论发生什么，是好是坏，都是他们自己做的，即使不是亲手所为，也或多或少的影响过别人。在营救驻伊朗的美国大使馆人质作战计划失败后，当时的美国总统吉米·卡特即在电视里郑重声明：“一切责任在我。”仅仅因为这一句话，卡特总统的支持率骤然上升了10%以上。

很多年轻人认为自己力量薄弱、肩膀太窄，大事当前，有可能被压趴下。问题是，什么都不必承担的人，必定也就轻飘飘一无所有，任何一个稍有进取心的人，必不甘心如此。学会认清责任，是为了更好地承担责任，在责任中更好地体现自己的心胸和能力。我们可以这样看待责任与成就的关系：首先，没有担当的人成不了大格局；为了拥有这种责任心和使命感，我们应该努力提升自己的认知层次，加重自己的分量；当责任成为一种习惯的时候，我们便会真正拥有对成功的凝聚力，每一件事情在你手中都会做得出色。

责任是一种无形的约束力，是社会赋予每个成员的一种约定俗成的规定。在责任之中，最能体现出人性的光辉。

主动出击实现突破

与其让自己在将来说“如果我当初怎么样就好了”，不如现在就行动起来。有时候，痛心疾首的后悔给人信心的打击，比失败更甚。

有行动才会有结果的道理大家都懂。有许多人之所以平庸了一辈子，就是因为他们一直在被动地做事，不愿承担自己的责任，总是等待机会的降临，希望得到贵人的帮助。在他们的眼里，守株待兔与出去闯荡相比，虽然吃到美餐、获得利益的时候较少，但自己不用辛苦付出，就能获得回报，这种看似“稳妥”的处事方式在多变的社会更加安全。

有人把这种人比喻为鹭鸶，一种俗称“老等”鸟，它最典型的捕食方法就是一动不动地站在浅水里，碰巧有小鱼小虾游过时，再猛然低头啄食。它的这种生存方式在人类世界中注定要被嘲笑，但是不知你是否反省过：一直以来，你是否也是这样做事呢？

社会的复杂，让我们感觉周围的世界沉浮不定，主动出击，有坎坷，也有阴晦，深一脚浅一脚，虽然有危险，但这却是在有限的人生道路上突破困境、通往成功与幸福的捷径。

一天，偏僻的小山村突然开进了一辆汽车，这可是件新鲜事，全村人都围了过来。从车上走下几个人，其中一个穿黑皮夹克的中年男子问大家：“你们想不想演电影？谁想演请站出来！”一连问了好几遍，村民们都不敢吱声，好多人只顾和身边的人窃窃私语。

这时，一个十六七岁的女孩子站了出来：“我想演。”她长得并不漂亮，单眼皮儿，脸蛋红扑扑的，透出一股山里孩子特有的倔强和淳朴。“你会唱歌吗？”中年男子问。“会。”女孩子大方地回答：“那你现在就唱一个！”“行！”女孩开口就唱，一边唱还一边扭：“我们的祖国是花园，花园里花朵真鲜艳……”村人大笑。因为她的歌唱得实在不怎么好听，不但跑了调，而且唱到一半还忘了词：没想到，中年男子却用手一指：“好，就是你了！”

这个勇敢地向前迈了一步的女孩子叫魏敏芝。她幸运地被大导演张艺谋选中，在电影《一个都不能少》中出任女主角，她的名字很快传遍了大江南北。

对于机遇，对于成功，人们总有各种各样的说法。然而，不能否认的是，有些时候，机遇在一些人面前确实是平等的。只是当机遇突然出现在面前时，有人却迟疑了，犹豫了，结果与之擦肩而过；而有的人却能主动上前，大胆追求，于是便赢得了机遇的倾心。这也正是卓越者的做事方式。

这个世界永远有新的挑战立在你的前面，有新的领域等待你去征服，关键是你敢不敢主动出击，接受挑战，那些因为害怕或患得患失而原地踏步的人，永远无法品尝到成功的滋味。

主动出击与守株待兔正好相反，在人生的旅途中，每个人都会遇到很多成功的机会。你对待机遇的态度直接决定了你日后的发展。有的人不思进取，坐等机会的到来，这显然是最愚蠢的一种方法，坐吃山空以至穷途末路，是必然的结局。面对同样一件事情，如果一个人能积极主动，那他更容易掌握整个局面。许多成功人士不一定比你“会”做，重要的是他们比你“敢”做，比你更主动去做。

原微软(中国)有限公司总经理吴士宏，在1985年离开了原来毫无生气甚至满足不了温饱的护士岗位，她鼓足勇气，走进了世界最大的信息产业公司IBM公司的北京办事处。面试像一面筛子。两轮的笔试和一次口试，她都顺利地滤过了严密的网眼。最后主考官问她会不会打字，她条件反射地说:会!

“那么你一分钟能打多少?”

“您的要求是多少?”

主考官说了一个标准，吴士宏马上承诺说她可以。因为她环视四周，发觉考场里没有一台打字机，果然，主考官说下次录取时再加试打字。

实际上，吴士宏从未摸过打字机。面试结束后，她飞也似的跑回去，向亲友借了170元买了一台打字机，没日没夜地敲打了一个星期，双手疲乏得连吃饭都拿不住筷子，但她竟奇迹般地敲出了专业打字员的水平，以后的好几个月她才还清了这笔不小的债务，而IBM公司却一直没有考她的打字功夫。吴士宏就这样成了这家世界著名企业的一个最普通的员工。

俗话说:“美玉藏于深山，人不知其美，黄金埋于地下，人不知其贵。”一个优秀的人，如果只是深藏不露，而不能表现自己，人们就不能看到他存在的价值。这样下去，即使他有绝世的才华，也会渐渐被埋没。现在是一个讲究张扬自己个性的时代，尤其是身处职场上的人们，在关键时刻恰当地张扬也就是“秀”一下，不失为一个引起别人注意的好方法。

古希腊哲学家苏格拉底说过：“要使世界动，一定要自己先动。”一个人的行动和热情，能给周围的人带来强烈的感染力，奇迹常常可以从这里产生。

心理学家告诉我们，其实对于任何一件事，徘徊观望过久，心中都会产生一种懈怠，这样与机会的距离就拉得越来越远了。再者，很多人不敢主动出击，最大的原因在于内心的限制，他们往往认为自己实力不足、能力不够，以致看轻自己，把想法搁浅。

美国一位寿险业的销售冠军，在被问到如何销售保险的时候，他说，在大学的时候，全校几乎所有的美女都跟他约会过。问的人很纳闷：“这跟保险有什么关系？”

他回答说：“很有关系，因为这些所谓的校园美女，大部分的男生都不敢追求她们，他们都是被动的，都怕被拒绝。”

但是他知道，这些美女都是很寂寞的，他不断地主动出击，因此每次都很奏效。

正因为他跟学校所有的美女都约会过，所以当他从事保险业的时候，他想，这些成功的人士，大家一定都不敢去拜访。或者认为他们已经买了保单。

然而，他不断地主动出击，不断地拜访他们，在说服了这些董事长购买保单之后，董事长的朋友也都是成功人士，这些成功人士不断地介绍朋友给他，因此他成了保险业的佼佼者。

我们不应该把所有的事情想得过于简单，但是世上也有许多貌似坚固的堡垒，其实并不像想象中的无懈可击。顾虑、担心、害怕，这些只会羁绊你的脚步，对于做事出色的人来说，哪怕是单枪匹马，积极进取、主动出击，也是他们必然的选择。

年轻人在谈论到自己的未来时，对于梦想的憧憬和规划多数都会滔滔不绝，但最终能够实现的只是寥寥数人。在搞一个项目或做策划方案时，我们总会有绝佳的构想闪现出来，却不敢表达出来在最终板上钉钉时被证实它是“捷径”，能起到最好的效果，但也总会在一声声叹息中，告诉自己下次要果断实施，主动出击。对于年轻人来说，与其让自己在将来说“如果我当初怎么样就好了”，不如现在就行动起来。有时候，痛心疾首的后悔给人信心的打击，比失败更甚。

利用幽默推波助澜

恩格斯说：“幽默是具有智慧、教养和道德上的优越感的表现。”

幽默是一种智慧，是一种放松的心态，有些人做事呆板、不知变通，让人感到冷漠和有距离感，这时或许可以来点幽默，幽默可以让事情变得有趣、有活力；有些人说话生硬、尖酸刻薄，容易得罪朋友，这时可以加入一些幽默，幽默可以使气氛轻松活跃；有些人面临困境时，精神萎靡、情绪低落，这时不妨来一些幽默，压力会在莞尔一笑中轻松解除。

人生苦短，从呱呱坠地的婴儿到垂垂老者，一路上要经历太多的磕磕绊绊。如果能够在我们的性格中加一点“幽默”，它将会成为我们笑面人生的一副“良药”。幽默就像是调料，它能调和生活中的种种酸甜苦辣，使人活得更轻松自在，也使人更有智慧。有很多人，他们善于运用幽默的语言来处理各种关系，化解矛盾，制止不文明的行为，消除敌对情绪并且赢得尊严。他们把幽默作为一种无形的保护阀，使自己免受紧张、不安、恐惧和烦恼的侵害。在为人处世中，适当地运用幽默，不仅可以化解尴尬的气氛，而且能将事情处理得更圆满。

美国人克林斯是第一批登陆月球的航天员之一。

有一次，他参加一个私人聚会，谈到一个关于女人的话题时，大家就起哄要求他进行即兴演说。克里斯推托不过，只好站起身来，他高举双手让大家安静下来，然后便开口问道："我想提一个问题让大家来回答，男人和女人，比较起来，究竟是谁的话比较多？"由于美国人有携伴参加晚宴的习惯，因此在场的男女比例差不多。克林斯提出这个问题之后，在场的所有人立刻分成了两派，并且两边的人数不相上下。认为男人话多的，都是女人；而认为女人话多的，则都是男人。

克林斯看了看这样的两派，好像很满意地点了点头，然后继续他的话题："根据社会行为学专家的研究表明，女人平均一天大概要说两万八千字，而男人一天则要说三万三千个字。所以，从科学的观点来看，的确应该是男人的话比较多。"

此言一出，宴会马上由平静变成了一片嘈杂，女人们纷纷得意地向她们的男伴示威，而男士们都对克林斯发出了不平的抱怨。

克林斯又看了看现在的情景，挥了挥手示意大家安静，等静下来之后，他接着说道："这当中的问题是，每天我在外面工作的时候，已经将配额内的三万三千字说完了。而下班回到家之后，我太太的那两万八千字才刚刚开始。"

整个宴会寂静了大概半分钟，然后人群中爆发出一阵热烈的掌声和喝彩声，似乎每个人都对这样的结果非常满意。

恩格斯说："幽默是具有智慧、教养和道德上的优越感的表现。"

大文学家契诃夫也说："不懂得开玩笑的人，是没有希望的人。"可见，幽默对于生活是多么重要。每个人都应该学会适当的幽默，当你感到悲伤时，幽默可以消除你的沮丧与痛苦，淡化消极的情绪。拥有一些幽默感，可以使你的生活充满情趣,可以使你轻松地面对痛苦和烦恼。学会幽默,你会感到和朋友相处是那么的和谐愉快,生活是那么的美好。

诚然,幽默能够促进人际关系的和谐,但有些人为了显示自己的高明,错误地应用幽默,反而破坏了人际关系的平衡,不仅效果适得其反,也使自己的人格降低。比如在一家饭店,一位顾客生气地对服务员嚷道:“这是怎么回事?这只鸡的腿怎么一条比另一条短一截?”服务员故作幽默地说:“那有什么!你到底是要吃它,还是要和它跳舞?”顾客听了十分生气,一场本来可以化为乌有的争吵便发生了。所以,幽默应高雅得体,态度应谨慎和善,不伤害对方。幽默且不失分寸,才能促使人际关系和谐融洽。大家都有这样的体会,一个冗长枯燥的会议,若是由一位幽默风趣的人来主持,那么大家都会心情愉悦,神采奕奕,再长的时间也会在不知不觉中度过了。在朋友聚会上,若是多一些幽默,大家都会觉得十分尽兴,甚至意犹未尽……

幽默,是智慧和感情的结晶,是一种高雅的情趣。具有幽默感的人,身边朋友比较多,在走向成功的路上也往往比他人顺利。他们是乐观主义者,与人交往真诚幽默、处事灵活。面对生活中的矛盾,用幽默做润滑剂,能够轻松地化干戈为玉帛。

幽默,是一种修养,一种文化,一种艺术,一种独特的审美情趣。要学会用幽默提升我们的个人形象,帮助我们更好、更快地取得事业的成功。幽默就像是一种催化剂,在我们的生活中显得相当重要。所以,从现在开始学着使用幽默吧,它将带给你潇洒和魅力,它将使你的人生更出色、更有情趣!

后退才能加速前进

生活是一门学问，其中最难掌握的恐怕就是进退之间的尺度，人生中的抉择往往是进退的抉择。

很多时候，现实生活中的一些行为都能折射出深刻的道理。如果你曾经观察过农夫在田中插秧苗的情景，你就会发现，他们都是躬着身子，一步一步向后倒退着插的。从行动上看，农夫的脚步是向后不断退让，但从结果上看，却是一步步前进，秧苗最终插满了整个农田。以退为进，似退实进，做事的道理有时就是这么巧妙。

汉代公孙弘年轻时家贫，后来贵为丞相，但生活依然十分俭朴，吃饭只有一个荤菜，睡觉只盖普通棉被。就因为这样，大臣汲黯向汉武帝参了一本，批评公孙弘位列三公，有相当可观的俸禄，却只盖普通棉被，实质上是使诈以沽名钓誉，目的是为了骗取俭朴清廉的美名。

汉武帝便问公孙弘："汲黯所说的都是事实吗？"公孙弘回答道："汲黯说得一点没错。满朝大臣中，他与我交情最好，也最了解我。今天他当着众人的面指责我，正说中了我的要害。我位列三公而只盖棉被，生活水准和普通百姓一样，确实是故意装得清廉以沽名钓誉。如果不是汲黯忠心耿耿，陛下怎么会听到对我的这种批评呢？"汉武帝听了公孙弘的这一番话，反倒觉得他为人谦让，更加尊重他了。

公孙弘面对汲黯的指责和汉武帝的询问，一句也不辩解，并全都承认下来，这是一种何等的智慧呀！汲黯指责他"使诈以沽名钓誉"，无论他如何辩解，旁观者都已先入为主地认为他也许在继续"使诈"。公孙弘深知这个指责的分量,采取了十分高明的一招,不作任何辩解,承认自己沽名钓誉。这其实表明自己至少"现在没有使诈"。由于"现在没有使诈"被指责者及旁观者都认可了,也就减轻了罪名的分量。公孙弘的高明之处,还在于对指责自己的人大加赞扬,认为他是"忠心耿耿"。这样一来,便给皇帝及同僚们这样的印象:公孙弘确实是"宰相肚里能撑船"。既然众人有了这样的感觉,那么公孙弘就用不着去辩解了,因为这不是什么政治野心,对皇帝构不成威胁,对同僚也构不成伤害,只是个人对清名的一种癖好,无伤大雅。

生活是一门学问,其中最难掌握的恐怕就是进退之间的尺度,人生中的抉择往往是进退的抉择。只要我们细心品味,就会发现人生并不是在任何时候都要一往直前,而是应在关键时刻运用以退为进的策略和智慧。少说多做不是什么坏事,唱高调的人永远都会有,但高调总有一天会收场的,有比较才有看点,高调者的倒下往往就是实干者新的开始,看似退了一步,往往能进两步。

为了"进",人们常常会不顾一切地拼命向前冲,因为他们认为只有风雨兼程、永不停息地往前赶才是一种"进",才能实现目标,才能取得胜利。然而,有时候我们需要"停下来"或者"退几步",好让自己更好地"进"。以退为进,不是软弱,而是静心地思考,找准自己的目标。人之所以容易困死在沙漠中,就是因为在沙漠里,人总是慌忙地向前走,而没有察觉自己其实在转圈子。倘若能冷静下来,借助星辰找准方向,朝着一个方向走,结果会大不一样。盲目地前进只是莽夫的行为,懂得以退为进,才是智者。以退为进,退是为了更好地进。看似在考虑退路,实际上却是为了让你能最终稳健前进。以退为进,不是一味忍让,而是为了实现双赢。李嘉诚不贪小利,不对竞争对手穷追猛打,留条财路给他人,最终使自己成为了亚洲第一富豪。

以退为进,由高到低,既是自我表现的一种艺术,也是生存竞争的一种策略。有时候,追求得太迫切、太执著只能徒增烦恼,用曲线的生存方式有时比直线的方式更有成效。在南极西岸有一种可爱的小动物叫企鹅,常年大部分时间都在水中生活，只有在生殖时才会上岸。企鹅上岸时的动作不仅与众不同，而且十分有趣，先是猛地低头从海面扎入海中，而后拼力沉潜，一直潜到适当的深度，最后摆动双足，迅猛向上，犹如离弦之箭蹿出水面，腾空而起，落于陆地之上。企鹅登陆的过程看似笨拙，其实极富成效。企鹅身躯笨重，又没有可以用来攀爬的前臂，只能借助海水的压力和浮力，以这种特殊的方式上岸。这个过程至少可以给我们两点启示：一是适者生存是所有人类及动植物的本能；二是智慧地后退是为了更好地前进。我们人类的行为和动植物的本能都有相似之处，从古到今不乏无数例证，面对压力、障碍，后退几步，再加上冲力，成功的希望可能更大。

CHAPTER3

第三章

低调做人，强势做事

低调是做人的最佳姿态。低调做人，不仅可以保护自己、融入人群，与人们和谐相处，而且可以让人暗蓄力量、悄然潜行，在不显山、不露水中成就事业。低调的人，不喧闹、不矫揉、不造作，既不故作呻吟、假意惺惺，也不卷进是非、招人嫌嫉，即使满腹才华，也藏巧于拙。

强势是做事的最高境界。强势做事，不仅可以展示才华、表现自我，与人们平起平坐，也可以让人为之侧目、暗自佩服，在不显山、不露水中平地崛起。强势做事，就要不吭声、不张扬、不推托，既要运筹帷幄、踏踏实实，也要默默耕耘厚积薄发，即使你认为自己实力不足，不能很好地完成，也要积极尝试。

姿态谦逊，固守低调之风

谦逊做人，在低调中修炼自己，在任何情况下都是一种进可攻、退可守，看似简单，实则高深的处世谋略。

人生活在世界上，每个人的目的都不尽相同。有人说，人活着是为了赚钱，赚大钱，买大房子，开漂亮的跑车，过幸福的日子。也有人说，人活着就是要努力工作，像芝麻开花那样步步高升，当领导，做大官，指挥别人，满足自己。还有人说，人活着就是为了让丰富的知识武装自己，提升自己的文化素养，畅游多彩的精神世界。

每个人都有自己的说法，因为每个人都有自己的理想和追求。尽管信仰不同，追求不同，但始终保有谦逊的姿态都是必需的。谦逊是低调做人的一种大智慧，也是让人终生受益的美德。正所谓“谦受益，满招损”，一个真正懂得谦逊做人的人在不断提升自己的同时，也会赢得人们的尊敬，实现自己的理想。

一个人行走在社会上，过于彰显自己而不低调行事，不谨言慎行，必将在某个时刻跌入失败的深渊。即便是满腹经纶，也不应失去谦虚的品性。谦逊做人，在低调中修炼自己，在任何情况下都是一种进可攻、退可守，看似简单，实则高深的处世谋略。

某公司一个重要部门的经理离职了，董事长决定找一位德才兼备的人来接替他，但前来应聘的几个人都没有通过他的“考试”。

这一天，一位年轻的留美博士前来应聘，董事长通知他凌晨两点去自己家里考试。

按照约定的时间，年轻的留美博士按响了董事长家的门铃，但却不见有人来开门，只好坐在门口默默地等候。

直到太阳升起时，年轻的留美博士才看见一位保姆揉着眼睛过来开门，说董事长正在里面等他。

走进书房时，董事长张嘴就问："会写毛笔字吗？"年轻的留美博士说："还可以。"董事长吩咐保姆拿出一张白纸来，对他说："写一个黑白的'白'字吧。"他拿起了毛笔。

"哦，有一股子气势啊。"董事长欣赏着他的字，"好，考完了，你可以走了……"

年轻的留美博士疑惑：这算哪门子考试啊？但也只好告别离去。

还没回到家，年轻的留美博士就接到了董事长亲自打来的电话："赶紧来公司吧，我有话要说！"

在公司的会议室里，当着众多董事的面，董事长宣布年轻的留美博士通过了考试，而且是一项严格的考试。

看到各个董事一脸迷惑的样子，董事长笑着解释说："对于这么一位年轻的留美博士，我相信他的聪明与学问绝对没有问题，所以只好考他一些更难的东西：首先，我考他牺牲的精神，我要他牺牲睡眠，凌晨2点钟来家里参加应考，他做到了；我又考他的忍耐，要他等几个小时，他也做到了；我又考他的脾气，看他是否能够不发火，他也做到了；最后我考他的谦虚，让他写一个连5岁小孩都会写的'白'字，他也肯写……大家说，像他这样拥有博士学位，而且肯于自我牺牲、能够忍耐、脾气良好、知道谦虚的年轻人，我们还有理由不欢迎他加入公司吗？"

听了董事长的这番话，大家纷纷表示赞同。

由此可以看出，做人应虚怀若谷，才有可能成就一番伟业。如果这位年轻的留美博士仰仗着自己的聪明与学问，不屑于这些看似简单，实则内含玄机的考试，纵使其满腹才华，能力比别人强，他也不会有机会争取到这份工作。

谦逊是做人的一种美德，这种低调的态度并不意味着自己缺少知识，而是从另外一个角度透露出一个人的修养和内涵。谦逊很多时候是尊重别人的一种方式，懂得谦虚谨慎，对人对事的态度不要骄狂，不要乱摆架子，平易近人，这样才能受到别人的尊敬，从而获得良好的人际关系。

哲人说，只有广阔的胸怀，谦逊的态度和低调的姿态才能使骄狂这个心魔退却，才能拨开挡住人们走向成功的屏障，才能脱离自满的漩涡，才能容天下人所不能容之气，成天下人所不能成之事。反之，人若自恃过高、孤芳自赏，不懂得低调做人，势必会功败垂成，也就应了陈毅元帅的那句警言："九牛一毫莫自夸，骄傲自满必翻车。"历览古今多少事，成由谦逊败由奢。

内敛修身，得意却不忘形

越是饱满的稻穗，头垂得越低；只有那些果实空空的稗子，才始终把头抬得很高。

内敛的人有一种柔性，始终用低姿态积聚力量。中国传统知识分子有外儒内道、外儒内佛之说，正如内敛的人，内心是平静的，较少产生冲突矛盾，而行动却是敏捷的。

爱因斯坦创立了相对论宇宙学，是现代物理学的开创者和奠基人，然而他从不以伟大人物自居，反而时常自称为"只会啃草的牛"。

有一次，爱因斯坦应邀去参加一个校庆活动。来到现场之后，爱因斯坦这才发现：参加此次校庆活动的都是一些社会名流，一个个头戴高礼帽、身穿燕尾服，显得光彩照人、高贵无比；再看看自己：身穿一件旧衣，头戴一顶草帽，显得很寒酸——只好找一个角落的位子，悄悄地坐了下来。

一位要好的朋友看见了，就过来对爱因斯坦说："由我来帮你介绍一下，或者是你自己来场即兴演说？"

没想到，爱因斯坦却笑了起来："介绍什么？我只是一个哑巴而已，本来就默默无闻，即使是穿上了名贵的大衣，也没有几个人会认识我，我还是回去埋头啃草吧。"说着，爱因斯坦就起身离开了活动场所，回去后一头钻进了他的科研室里。

据说，爱因斯坦3岁的时候，还有些口吃，人们都取笑他是半个哑巴。后来成名之后，就有人问爱因斯坦这件事是不是真的，他笑着说："我要做一头啃草的牛，而不是一头昂首吼叫的驴，这样说来做个哑巴也没什么不好的啊。"

正是由于爱因斯坦的毫不张扬、内敛修身才使得他有更多宝贵的时间和精力进行研究，而不是把时间浪费在毫无意义的无聊自夸上，最终取得了非凡的成就，受人敬仰。伟大人物尚且如此，我们是不是也该反思一下自己为人处世的方式是否更能促使我们成功，收获更美好的人生呢？唯有内敛，才可以保护自己，与人们和谐相处。只有修身，才可以趁机积蓄力量、积累经验，然后厚积薄发，在不显山、不露水中实现自己的理想，达成自己的人生目标。

有句俗语说得好："低头的稻穗，昂头的稗子。"它的意思就是说：越是饱满的稻穗，头垂得越低；只有那些果实空空的稗子，才始终把头抬得很高。越是真正智慧高深的人越内敛，他们懂得低调做人，适时隐藏自己，不会稍有名气就到处得意洋洋地自夸；而越是那些胸无大志、毫无智慧的人才喜欢到处卖弄，有点成绩就飘飘然，以致成为众矢之的，到头来还是自己吃亏。

"雪印"创立于1925年，是日本首屈一指的牛奶制品厂，但却在2000年的时候名誉扫地，这是为什么呢？

事情的经过是这样的：

2000年6月27日，日本的大阪、京都以及奈良等关西地区的卫生部门接到了多起投诉电话，说许多居民在喝了“雪印”牛奶之后都出现了不同程度的腹痛、呕吐、腹泻等中毒症状……

顿时，这起大规模的中毒事件引起了日本全社会的高度关注。

经过严格地化验与分析，卫生部门的检查人员发现“雪印”牛奶中金黄葡萄球菌严重超标。

“按照正常的生产流程，牛奶中是不可能出现这么多的金黄葡萄球菌的！”带着满脑子的疑问，卫生部门随即抽调人手组织了一个专门的调查小组，来到“雪印”牛奶的生产基地进行调查，结果发现：“雪印”牛奶中金黄葡萄球菌的来源，正是由于输奶管道阀门内壁和阀门附近的管道内壁长期没有清洗造成的。按照生产奶制品的卫生制度规定，每条生产线必须每天都要用清水进行清洗，然而“雪印”不仅没有按照这个要求去做，反而把某些分厂的过期牛奶作为原料，继续进行灌装生产……

就这样，有着75年历史、34家制奶厂、6700多名职工的“雪印”牛奶制品厂，在一夜之间彻底地垮了下来。

这样的例子数不胜数，一些公司在发展到一定规模，在市场上颇有名气之后，有时就会因一时的胜利而忘乎所以，不以低调的态度面对所拥有的顾客的信赖和美誉，不内敛修身，加强管理，反而得意忘形，忽略产品质量，以为有了招牌就有了一切。

殊不知，市场竞争是残酷无情的，一旦得意忘形，种种弊病就会显露出来，本来生机勃勃的一个企业就这样消失了。做人同样如此，只有内敛而不张扬，得意却不忘形，克服麻痹大意的思想，防患于未然，针对各种可能出现的危机，在思想上强化防范意识，不要因为一时的成功就放松要求，才有可能避免陷入各种危机之中。

深藏不露，厚积方能薄发

早开的莲都是弱小的花，只有经过积累，长为杆的莲才能开出鲜艳夺目的莲花来。

俗语说："世事洞明皆学问，人情练达即文章。"不同的处世态度造就了不同的人生，而学会低调做人，往往更能顺利地走上成功之路。

在我们身边，有这样一类人，他们肚子里有点墨水了就自以为是，急于表现，所得的光鲜往往只是昙花一现，经不起时间的推敲；而有些人在一点一滴中积累知识，储备经验，未雨绸缪，深藏不露，厚积薄发。这样的人恰恰是最有竞争力，最有前途，也是最能长久地享受成功欢乐的人。

席慕容在一篇散文中写到：早开的莲都是弱小的花，只有经过积累，长为杆的莲才能开出鲜艳夺目的莲花来。这句话很富有哲理，令人回味。人们常觉得准备的阶段是在浪费时间，殊不知只有打好坚实的基础，才会有长远持久的发展。哈佛大学送给学生的座右铭：当机会来临时，你已经准备好了。机遇只会垂青于那些有准备的人。只有为了理想而努力去做，才是达到目标的唯一途径，懒惰者与投机者绝对无法享受到成功的喜悦。

报社的一位年轻记者去采访日本著名的企业家松下幸之助。

年轻人非常珍惜这次来之不易的采访机会，做了认真的准备，因此，他与松下先生谈得很愉快。采访结束后，松下先生亲切地问年轻人："小伙子，你一个月的薪水是多少？"

年轻人不好意思地回答："薪水很少，一个月才1万日元。"

松下先生微笑着对年轻人说:“很好！虽然你现在的薪水只有1万日元,但是,你知道吗？你的薪水远远不止这1万日元。”

年轻人听后,感到难以理解。看到年轻人一脸的疑惑,松下先生接着说:“小伙子,你要知道,今天你能争取到采访我的机会,明天也就同样能争取到采访其他名人的机会,这就证明你在采访方面有一定的潜力。如果你能多多挖掘这方面的才能和多多积累这方面的经验,这就像你在银行存钱一样,钱存进了银行是会生利息的,而你的才能也会在社会的银行里生利息,将来能连本带利地还给你。”

松下先生满含深意的一番话,打开了年轻人观念的抽屉,使他茅塞顿开。许多年后,年轻人成为了报社社长。

古人讲修身、齐家、治国、平天下,做人做事都要先打好基础,只有积累了不凡的实力,才能在机会到来的时候运筹帷幄,游刃有余。但光打好基础仍是不够的,还要有足够的耐心等待时机成熟的那一刻,心急吃不了热豆腐,一定要在必要时深藏不露,在暗中积蓄力量,才能在关键时刻显示英雄本色。

1988年,由日本体育器械经销公司“戈比”推出的室内运动型自行车,一举成为了当年风靡世界的畅销商品之一。

其实,这种配有测量体力的数字显示器的新型运动自行车,早在1983年时就由“戈比”的科研人员研制出来了。当时,“戈比”销售部门的市场调研报告显示:日本人还不怎么喜欢体育运动,这种新式产品未必能够畅销。而且,“戈比”在东京等个别大城市进行试销的不理想效果也充分说明了这一点。

还好,“戈比”的总经理樱井非常明智,及时做出了一个决策:退出市场,等待时机。但很多人却开始急躁了:那怎么可以啊,新式产品已经研制出来了,总不能长时间放在仓库里自己展览吧？樱井解释说:照目前的实际情况来看,把咱们的新式产品投放市场不但不会畅销,而且还会影响产品的寿命以及吸引力，即使以后机会真的来了，也一定会失去新鲜感的。所以，我们必须要等待，要继续提升品质，厚积薄发……

他们怎么也没有想到，这么一等就是整整5年之久。

1988年，借着持续几年的日元升值，日本的经济实力大大增强。与此同时，日本人的生活水平也有了明显地提高，而且全民性的“体育健康热”也逐渐开始形成气候。樱井总经理觉得时机到了，但为了保险起见，还是吩咐销售部门先行做了一个市场调研，结果显示：第一，日本人的消费支出中用于体育保健的份额迅速增加，体育活动时间明显增多；第二，日本国土狭小而且雨季比较长，人们普遍希望能够开展简易的室内运动；第三，喜欢骑自行车的人数快速增多。

于是，樱井赶紧让几年之前就已经研制出来的室内运动型自行车正式登台亮相。由于新式产品的推出时机恰到好处，上市之后销售量直线上升，迅速成为风靡各地的畅销产品。

世间万物，都有自己的发展规律与步骤，所以无论做任何事都应该未雨绸缪，事先做好万全准备，这样在遇到难以预测的变化时，才不至于乱了阵脚。对于我们每个人来说，无论是在工作还是在生活中，都要耐心地积聚自己的力量，稳稳地打牢基础。积累了足够的资本后，要在最恰当的时机展露自己的才华，而不是随便表现。好表现自己的人往往会在关键时刻吃亏，而深藏不露、厚积薄发的人，却会在关键时刻一鸣惊人。

避其锋芒，适时后退一步

暂时的后退是为了更长远的前进，不要害怕后退，也不要抵触后退，因为有时候后退一步能够更好地解放自己。

有人说："退一步海阔天空，当看不到前进的方向时，我们不妨向后退一步而重新审视。"是啊，有时候暂退几步，不仅能在尖锐的矛盾冲突面前求得自保，也能让自己更好地看清眼前的形势，从而走好以后的路。

一往无前的人是勇者，但有时也是愚者。明知前方荆棘密布、陷阱诸多，却不懂得避其锋芒、缓和矛盾的人，最后受苦的只能是自己。不管做事还是做人，都不能只顾眼前，要知道有时成功就在我们身后，只要后退一步就能看到成功在向我们招手。遇事时，避其锋芒、适时后退，是取得胜利的一种缓兵之计，如果能够恰当地加以利用，必然会有意想不到的结果。相反，毛躁唐突、执迷不悟，只会让自己深受其害。

大学毕业之后，她来到一家知名的药业公司做销售工作，并且很快就进入了角色。她的母亲看在眼里，也喜在心里，但还是非常担心她，因为她的性格太过于直率了。

果不其然，她那张扬的个性很快就引起了顶头上司的不满。

顶头上司是位四十出头的中年妇女，为了发泄心中的气愤没少给她穿小鞋，比如：公司的销售部门每月都要做一次业绩考核，最后一位不但要扣除掉40%的奖金，而且还要降低基本工资。

由于是初来乍到，她第一个月排在了销售部业绩考核的最后一位，顶头上司当着大家的面奚落了她一番之后，扣掉了全部的奖金和大部分的工资。

在第二个月,她起早贪黑地咬着牙好好地干,业绩大幅度提升,排在了考核的前几名,但还是被顶头上司以犯错过多为由扣掉了不少的奖金和工资。

在第三个月,她一边小心翼翼,一边努力苦干,业绩遥遥领先地排在了业绩考核的第一名,没想到顶头上司却不屑一顾地又把她给划了下来……

她忍无可忍了,当着许多人的面和这位顶头上司大吵了一架,随后还把此事反映给了上层,但上层部门的处理意见却让她大跌眼镜:业绩考核并不是由销售部领导一个人说了算的……

拿着这么一纸最终的处理意见,她终于再也忍不住大哭起来——她觉得自己已经陷入了非常被动的境地中了,即使再怎么努力,拼命地融入这个团体中去,但都会被一股无形的巨大力量给毫不客气地排斥出来。

她彻底地灰心丧气了,默默地卷着铺盖回到了家里,整天闷闷不乐地就像丢了魂似的。

有一天,她和母亲一起上街溜达,回来的路上,突然下起了雨。母亲随手从挎包里拿出一把伞,两个人紧紧地相依偎着。

也许是雨伞太小的缘故吧,她总会站到伞沿下,很快就被飘洒的雨水淋湿了衣服。

母亲发现了,心疼地说着:“妮子,你快往里边来呀,为什么总站在伞沿边上呢?”

在听到母亲的话的一瞬间,她豁然开朗了:自己在药业公司的处境不正像和母亲一起站在同一把雨伞下吗?因为雨伞有点儿小,结果肯定有人会被挤到伞沿下的,而从伞面上流洒下来的雨水也就自然而然地浇到了站在伞沿下的人身上……

“妈妈,我明白了!”她一脸兴奋地说道。

很快,她收拾了心情进入到另外一家公司。在那里,她如鱼得水,一年后就升职为了销售主管,而且还得到了公司上层的器重。

如果女孩还坚持着非要找到无法融入那个知名药业公司的原因，而不去换个角度想想，怎样避其锋芒，脱离这种被动局面，她也就不会有后来的成功。很多人都爱钻牛角尖，他们不愿后退一步，以为顶“锋”向前才有气节，回头看看，其实，无论是在生活当中，还是在事业发展的道路上，当我们发现前方一片渺茫之时，不妨后退一步。不要小瞧这后退的一步，它往往是通向成功的捷径。人要懂得退步，才能实现进步，有退有进才和谐。

《菜根谭》中说：“路径窄处，留一步与人行；滋味浓时，减三分让人尝。此是涉世一极乐法。”这种做法名为退，实为进，是成熟处世的一种表现。有时选择退让，会给自己带来更大的空间。退一步是为了进三步，当环境有所局限而无法使我们的能力得到有效发挥时，后退一步，从原点重新出发，重新来审视一切，你会发现机会其实就在不远处；在发展的机会来临的时候，一定要充分发挥自己的才智，这样才能在成功的道路上走得更加坦荡与坚定。因此，暂时的后退是为了更长远的前进，不要害怕后退，也不要抵触后退，因为有时候后退一步能够更好地解放自己，退一步海阔天空。

糊涂一时，谋求一世成就

懂得糊涂的艺术，是人生的大智慧，而忽视这一道理则会使我们的人生徒增痛苦，因为过分计较会使我们变得贪得无厌。

我们常说，聪明是一笔财富，但关键也要看怎么使用。真正聪明的人往往深藏不露，不轻易显露自己的实力。

有智慧的人表面看来往往有点儿傻，其实装傻可以掩盖自己的聪明，更可以掩盖自己的失误。善于装傻的人，一定是胸怀大志、高瞻远瞩的人。

美国第九任总统威廉·亨利·哈里逊年幼时文静害羞,一脸的呆相。很多人都喜欢捉弄他,以证明他的确弱智。捉弄的方式也相当特别——把一枚5分的硬币和一枚1角的硬币扔到他跟前,让他从这两个当中选一个,他的做法让人们觉得好笑,因为他总是捡那个5分的,从来不去捡那个1角的。那些捉弄他的人总是仰天大笑,乐此不疲,这位未来的总统被定义成了一个弱智儿。直到有一天,一个老太太问他:"你真是个傻孩子,不知道1角比5分多吗?""我当然知道,可我不能捡那个1角的,如果那样的话,恐怕他们就再没有兴趣扔钱给我了。"

在生活中,真正的聪明人都是懂得糊涂的人。他们遇到任何事绝不自作聪明,大加议论,相反他们总是做出一副什么都不知道、什么都不清楚的样子,躲躲闪闪装糊涂。这样的人心知肚明,但什么人也不得罪。他们在生活中能够左右逢源,活得逍遥自在,比那些聪明人更早地走向成功之路。

人生犹如战场,无时无刻不在斗智斗勇。如今,忙碌的生活给人们增添了许多烦恼。很多人的生活方式就是为了满足更多的物质需要,忘记了自己童年的天真烂漫,忘记了学生时代的真挚友情。我们都看到过这样的情景:多年同事突然反目成仇;昔日朋友突然不欢而散;刚犯错误就有人落井下石;升职加薪有人暗中使坏;妻子说你不顾家庭;领导说你不识抬举……在那一刻,在错综复杂的矛盾中,在重重叠叠的人际关系中,你一定会从心里发出叹息:做人难。人生在世,有许多事情是不以人的意志为转移的,因此我们不要太较真,不妨装糊涂,不予计较反而更好。

糊涂是一种低调的姿态,更是做人的大智慧。唯有心境宽广、智谋深厚的人,才能深谙其中的道理。

俗话说得好:"做人留一线,以后好相见。"郑板桥在饱经世事沧桑之后,曾自书一幅"难得糊涂"用来自警,并写道,"聪明难,糊涂难,由聪明转糊涂更难。"如果没有对人情世事的深刻感悟,对丰富的人生阅历的深刻体察,郑板桥恐怕说不出这样的智慧哲言。当然,他所说的"糊涂",并不是指懵懵懂懂、无知无识；而是指不去竞争夺占，反而谦让退避，保持自己心宁气静。郑板桥自己也是努力这样做的。他在雍正十年给他弟弟的“家书”中谈到，他在家里的旧书箱中找到了他家“前代家奴”的卖身契，随即就烧掉了，既不贪图小利为难人家，也并不返回给那个人，免得人家难堪。以仁者爱人之心处世，必不肯事事与人过于较真，“难得糊涂”确实是郑板桥襟怀坦荡无私的真实写照。凭借此心，他后来做了县令，也是个爱民之官。难得糊涂，并不难，难在做人私心太重，眼前只有名利，不免去斤斤计较。

糊涂的人容易满足，糊涂的人容易快乐。糊涂的人大多诚实且真诚待人，他们能够笑容常伴。糊涂的人活得与世无争，他们不嫉妒别人的财富与地位，他们不期待做出惊天动地的大事，他们活在自己平静的世界里，他们能够快乐自在地享受生活。糊涂可以让我们低调行事，能让自己在平凡的人生旅途中心情愉快地潇洒走过。

狭路相逢，拿出你的勇气

与注定的失败狭路相逢时，勇气让我相信自己一定能成功！

对于生活的强者来说，在做事时，不管是各种人为和自然的阻碍，还是其他不期而至的灾难，都不会阻挡他强势前行的脚步。所有的困难只会化作自身的动力，激发自己的勇气，利用自身的资源，扫除一切障碍来实现目标。

俗话说，狭路相逢，勇者胜。无论工具和设备多么先进、精良，如果使用者没有勇气、没有胆量，不会恰当地运用，也会被手无寸铁的勇士俘获。勇气会对抗命运的打击，因为勇气告诉你：你能做到一切。

有一个年轻人,他有一个梦想,希望自己能够成为一名出色的赛车手。一次,在威斯康星州的赛车比赛上,他不幸撞到了车道旁的墙壁上,赛车在燃烧中停了下来。当他被救出来时,体表烧伤面积达40%,鼻子也不见了。医生给他做了7个小时的手术之后,才使他从死神的手中挣脱出来。

经过这次事故,尽管他的命保住了,可他的手萎缩得像鸡爪一样。医生告诉他说:"以后,你再也不能开车了。"然而,他并没有因此而灰心绝望。为了实现梦想,他决心再一次为成功付出代价。他接受了一系列的植皮手术,为了恢复手指的灵活性,每天他都不停地练习用残余部分去抓木条,有时疼得浑身大汗淋漓,而他仍然坚持着。

11个月后,仍是在上次发生事故的那个赛场上,他满怀信心地驾车驶入赛场。经过一番激烈地角逐,他最终赢得了比赛的冠军。

他就是美国颇具传奇色彩的伟大赛车手——吉米·哈里波斯。

当吉米第一次以冠军的姿态面对热情而疯狂的观众时,他流下了激动的眼泪。一些记者纷纷将他围住,并向他提出了一个相同的问题:"你在遭受那次沉重的打击之后,是什么力量使你重新振作起来的呢?"

此时,吉米没有回答,只是微笑着用黑色的水笔写下一句凝重的话:与注定的失败狭路相逢时,勇气让我相信自己一定能成功!

美国布朗大学前校长,卡内基基金会主席瓦尔坦·格雷戈瑞安的童年十分不幸,在他6岁的时候,他的母亲便因病去世了。是他的祖母在伊朗的山区将他带大的。

为了让格雷戈瑞安健康快乐地成长,祖母经常教导他说:"孩子,有两件事你一定要记牢。第一是命运,那是你无法控制的;第二是你的勇气,那可是在你掌握之中的。你可以失去你的美丽,也可以失去你的健康和财富,但是你决不能失去你的勇气,因为它是掌握在你自己手中的。"祖母的这句话在格雷戈瑞安的成长道路上,起到了十分关键的作用。

在许多时候,成功者与平庸者的区别,不在于才能的高低,而在于有没有勇气。有足够勇气的人可以过关斩将，勇往直前；平庸者则只能畏首畏尾，知难而退。爱默生说："除自己以外，没有人能哄骗你离开最后的成功。"柯瑞斯也说过："命运只帮助勇敢的人。"

历史上，只有那些强势做事、勇敢创造的人，才能成就伟大的事业。面对狭路相逢的态势，一个人只有控制了怯懦，才会在生活中始终乐观而健康。无畏是灵魂的一种杰出力量，无畏者不怕面对命运的多舛，不惧经受风雨的洗礼，他们永远高昂的头，正是强势做事的宣言。

提升气魄，做大才能做强

魄力是激情与智慧碰撞出的火花，是果敢与灵感嫁接出的果实。

一个人的气魄往往决定了他成就的大小。那些敢于一步步向更高的台阶迈进的人，他的人生不仅有更多的经历，能看到更多的风景，也会攀上更高的境界。哲人说，魄力是生命画卷上一抹灵动的色彩，是性情的五线谱上一行激昂的音符。拥有魄力，强势做事，只有这样的人，才会从万千凡夫俗子中脱颖而出，站在人前，走在人先。

生活中的人都曾有过目标、远景，但很多时候，当我们把雄心壮志和高标准定位在一起时，往往会缺乏自信和魄力。特别是当自己孤立无援，没有处于一个看似强大、安全的群体中时，人的退缩心理以保护自己的名义逐渐膨胀。于是，我们就习惯地告诉自己："算了吧，我想的未免也太过了。我只有一个小锅，可煮不了大鱼。"我们甚至会进一步找到借口来劝退自己："我的胃口没有那么大，还是挑容易一点的事情做就好。别把自己累坏了。"其实，你应该放开思维，站在一个更高的起点，给自己设定一个更具挑战性的标准,这样才会有准确的努力方向和广阔的前景。切不可做“井底之蛙”。在确立目标方面,千万不要有“宁为鸡首,不为牛后”的思想。

哲人说,眼睛所看着的地方就是你会到达的地方。唯有伟大的人才能成就伟大的事,他们之所以伟大,是因为决心要做出伟大的事。田径教练的话恰当地揭示了魄力对人的影响:跳远的时候,眼睛要看远处,这样你才会跳得更远。

一个炎热的夏日,一群人正在铁路的路基上工作,这时,一列缓缓开来的火车打断了他们的工作。火车停了下来,最后一节车厢的窗户打开了,一个低沉的、友好的声音响了起来:“大卫,是你吗?”大卫·安德森——这群人的负责人回答说:“是我,吉姆,见到你真高兴。”于是,大卫安德森和吉姆·墨菲——这条铁路的总裁,进行了愉快地交谈。在长达一个多小时的愉快交谈之后,两个人热情地握手道别。

大卫·安德森的下属立刻包围了他,他们对于他是墨菲铁路总裁的朋友这一点感到非常震惊。大卫解释说,二十多年以前,他和吉姆·墨菲是在同一天开始为这条铁路工作的。其中一个人半认真半开玩笑地问大卫,为什么他现在仍在骄阳下工作,而吉姆·墨菲却成了总裁。大卫非常惆怅地说:“23 年前,我为一小时两美元的薪水而工作,而吉姆·墨菲却是为这条铁路而工作,他的心从那时就不属于这里。”

对于那些眼光长远、魄力非凡的人,他的脚步不会在一个地方过多地停留。高远和富有挑战的目标,是他们一如既往的前进的方向。

安东尼·罗宾是美国著名的成功学大师,他在培训课上提出这样一个问题,“如果你是个业务员,赚 1 万美元容易,还是 10 万美元容易?”答案是 10 万美元!为什么呢?如果你的目标是赚 1 万美元,那么你的打算不过是能糊口便成了。更重要的是,你会淹没自己的魄力和热情。

洛克菲勒说:“你要永远记得,构建伟大的梦想不一定会比构建渺小的梦想花费你更多的时间和精力,而它却会带给你更多的回报。”当你的工作只是为了自己短期的利益时,你的动力不是最强烈的,一旦遇到挫折就会放弃。当你的工作是为了长期的利益而着想时,你的动力是强烈的,你的魄力也会由此不断提升,一旦遇到挫折,你会为了这种使命感而坚持到底并全力以赴。

一个人的魄力越大,成就越高,越是卓越的人生越是梦想和魄力合作后的产物。如果一个人把目标定得过低,那他想要取得高层次的成功便会很困难。一个魄力大的人,即使没有达到最终的目标,可他实际达到的目标都可能比梦想小的人的最终目标还要大。

哈佛大学对毕业的学生做过一项跟踪调查,最终分析得出:在决定一个人成功的因素中,体力、智力、接受教育的程度都在其次,最重要的是一个人魄力的大小!

魄力是激情与智慧碰撞出的火花,是果敢与灵感嫁接出的果实,无论是举重若轻,还是决胜千里,都闪耀着迷离与魔幻的色彩。一个有魄力的人,在个人的人生长河里掀起的是澎湃的浪花,而呈献给这个世界的,却是激越的诗行。

纵观历史,一个个伟人成功的案例无不反复证明了一个道理,高瞻远瞩的梦想是神奇无比、无坚不摧的,你只需调动你所有的潜能并加以运用,它便能带你脱离平庸的人群,步入精英的行列之中!

保持个性,走自己的道路

世上的路并不是走的人越多越平坦、顺利,沿着别人的脚印走,不仅走不出新意,有时还可能会跌进陷阱。

我们每个人都有属于自己的独一无二的道路,不要倾羡别人暂时的舒适和成绩，由于环境、学历、背景等的不同，人跟人之间在很多时候是没有可比性的。你要知道，成功的路原本就有千万条，而且通向完全不同的方向，而这其中只有一条最适合你。所以说，真正成功的人，不在于成就的大小，而在于你是否能够保有自己的个性，努力地去实现自我，喊出属于自己的声音，走出属于自己的道路。

在我们所熟悉的名人中，翻看一下他们的成长史，我们会发现，他们都是依据自己的个性发展自己的人。苏格拉底这位伟大的哲学家曾被人贬为“让青年堕落的腐败者”；贝多芬学拉小提琴时，技术并不高明，他宁可拉他自己作的曲子，也不肯做技巧上的改善，他的老师说他绝不是个当作曲家的料。如果他们听凭别人的意见，失去自己的个性，放弃属于自己的道路，被别人的评论所左右的话，他们也许就很难取得举世瞩目的成绩！

在竞争激烈的现代社会上，个性生存是主流。那些把头深埋在众人的目光之下，以求安稳的人，他们不敢展现自己，更不敢特立独行地走自己的路。很多人总感觉自己怀才不遇，不被别人欣赏，殊不知，一味地奢望别人主动来关注自己，而不积极主动地把自己的才干展示给他们看，是你至今仍平庸的根本原因。

不要向大多数人那样等待被人发觉，属于你的路需要你用积极的尝试去开拓。只要你积极进取，捕捉到一个适当的机遇，你就成功了一半。正如培根所说：“善于在做一件事的开始时识别时机，实在是一种极难得的智能。”

林达是一位刚毕业的女大学生，在大学时主修的是会计专业，在一场大型招聘会上，他看中了一家实力雄厚的外资企业。当她去这家公司应聘财务会计岗位时，还未面试即遭到拒绝，理由是她太年轻。

刚毕业的大学生个个都没有十足的工作经验，这也是许多公司将应届毕业生拒之门外的原因。但林达却没有气馁，一再坚持。她对主考官说：“请再给我一次机会，让我参加完笔试。”主考官拗不过她，答应了她的请求。

结果，她通过了笔试，由人事经理亲自复试。

人事经理对这位女大学生颇有好感，因为她的笔试成绩最好。女孩的话让经理有些失望，她说自己没工作过，唯一的经验是在学校掌管过学生会的财务。他们不愿找一个没有工作经验的人。人事经理只好敷衍道："今天就到这里，如有消息我会打电话通知你。"

女孩从座位上站起来，向人事经理点点头，从口袋里掏出一美元双手递给人事经理："不管是否录取，请给我打个电话。"人事经理从未见过这种情况，竟一下子呆住了。不过他很快就回过神来，问："你怎么知道我不给没有录用的人打电话？"

"您刚才说有消息就打，那言下之意就是没录取就不打了。"人事经理对这个年轻女孩产生了浓厚的兴趣，问："如果你没被录用，你想知道些什么呢？"

"在什么地方不能达到你们的要求，我在哪方面不够好，我好改进。"说完，女孩微笑着解释道："给没有被录用的人打电话不是公司的正常开支，所以由我付电话费，请你一定打。"

人事经理马上微笑着说："请你把一美元收回。我不会打电话了，我现在就正式通知你，你被录用了。"就这样，女孩用非同寻常的一美元敲开了机遇的大门。

林达掏出的一美元是这次面试的转折点，这一个性十足的举动，不仅让人事经理看到了她的与众不同，而且更展示了她灵活的思维和公私分明的良好品德，细心、耐心，再加上公私分明，这也是财务会计最重要的素质。林达不甘愿做一个被选择者，即使是自己不被录用，也不灰溜溜地走出去，那一美元是智慧的体现，更是强势做事的一种风格。

俗话说："美玉藏于深山，人不知其美，黄金埋于地下，人不知其贵。"一个优秀的人，如果只是埋头苦干，而不表现自己，人们就看不到他存在的价值。这样下去，即使他有绝世的才华，也会被埋没。现在是一个讲究张扬自己个性的时代，尤其是身处职场上的人们，在关键时刻恰当地“秀”一下，是一个引起别人注意的好方法。天上不会掉馅饼，机会是要靠自己创造的。相信自己，相信自己的能力，相信自己的才华，而且勇敢地在别人面前表现出来，你就会接近成功。

世上的路并不是走的人越多越平坦、顺利，沿着别人的脚印走，不仅走不出新意，有时还可能会跌进陷阱。哲人说，人要从没路的地方走出一条路来，不要泯灭了自己的个性，一味地随大流，那样只会迷失自我，连自己的命运都把握不了。依循自己的特点，保持强势的姿态，走出自己的风格，走出自己的个性，才会拥有最精彩的人生。

从不犹豫，果断做出决策

在两难的抉择中，敢于决断是一个人强势做事的关键。

人在做事的过程中，特别是在进行判断、决策时，总会出现犹豫的状态。谨慎小心、考虑周全，是一个人值得被夸赞的优点；而犹豫不决，以致拖延，则会影响做事的进度。在人生的棋盘上，起手无悔是强势做事的第一步，我们会发现，许许多多的失败者，事前的犹犹豫豫就已注定了事后的追悔莫及。

中国有一句老话，叫做“当断不断，必受其乱！”说的就是在处理一些事情时，我们不能过分地犹豫不决，而应该立即采取行动。但是在现实生活中，有些人对一些事情总是犹豫不决，结果错失良机，使本该取得成功的事情没有成功，使本该避免的损失没能避免。

著名传道家比利·山戴曾说，“犹豫不决是魔鬼最喜爱的工作。”犹豫不能改变事情的现状，在反复思量、犹豫不定时，丢失的机会也许比真正错过的还多。

“机不可失，时不再来”这句话常被人们挂在嘴边，用以告诫那些犹豫不决的人尽早行动，抓住机遇。在许多情况下，机遇不允许你用更多的时间左顾右盼，而且你必须依靠自己尽快拿定主意。就如一位成功者说的那样：听取多数人的意见，和其中的少数人商量，自己一个人做决断。这是克服犹豫心理的有效秘诀。

对于每个人来说，犹豫不决、优柔寡断是成功路上的一个非常阴险的对手，因此在它还没有伤害你、破坏你、限制你一生的机会之前，你就要把这一仇敌置于死地。一个人如果没有果断决策的能力，那么他的一生，就像浩瀚大海中的一叶孤舟，只能永远漂流在狂风暴雨的汪洋大海里，永远到达不了成功的彼岸。

一位富翁家的狗在散步时跑丢了，于是富翁就在当地报纸上发了一则启事：有狗丢失，归还者，付酬金 1 万元。并有小狗的一张彩照充满大半个栏目。

一位沿街流浪的乞丐在报摊看到了这则启事，他立即跑回他住的窑洞，因为前天他在公园的躺椅上打盹时捡到了一条狗，现在这条狗就在他住的那个窑洞里拴着。他仔细一看，果然是富翁家的狗，乞丐第二天一大早就抱着狗出了门，准备去领 1 万元酬金。当他经过一个小报摊的时候，无意中又看到了那则启事，不过赏金已变成了 2 万元。乞丐又折回他的窑洞，把狗重新拴在那儿，第 4 天，悬赏额果然又涨了。

在接下来的几天时间里，乞丐天天浏览当地报纸的广告栏，当酬金涨到使全城的市民都感到惊讶时，乞丐立即返回他的窑洞。可是那只狗已经饿死了，因为这只狗在富翁家吃的都是鲜牛奶和烧牛肉，对这位乞丐从垃圾筒里拣来的东西根本受不了。

机遇摆在面前的时候，乞丐已经拉住了她的手，拥有那只狗让他获得了成功的优势，也处于强势的姿态，而在一再地犹豫中，所有的一切都化为了泡影。

一个人在做事之前，保持冷静的头脑，对自己所要做的事情有一个正确的判断是强势做事的前提。盲目行事，是导致许多人失败的一个重要原因。而那些最终能够突破人生的难关，赢得成功的人，大都有着一个共性：能够不受犹豫心理的困扰，在正确的决策之下，果断地行事。

拿破仑是法国资产阶级革命家、军事家，在他率领大军征讨叙利亚的时候，当地忽然出现了大规模的鼠疫，部队中有很多官兵都染上这种病，纷纷病倒，部队的战斗力大减。怎么办呢？拿破仑为此忧虑不已，寝食难安。

为了避免丧失部队的战斗力和最大限度地减少疾病在部队中造成的传染，他果断地下达了命令：全体部队官兵必须抓紧时间赶路，立即离开疫病区，所有的车和马全部用于载运伤员病员，除了严重鼠疫患者以外，其他的伤员病员也全部带走。

命令下达之后，所有骑马和乘车的将官都把车和马全部腾了出来，让给患病人员乘坐，其中也包括拿破仑自己。事后的结果证明，拿破仑的这个举措是正确的，正是因为他们撤离很快，才有效地减少了疾病在部队中的传播，对保存部队的战斗力产生了积极的作用。

一个人做事时对分寸和尺度的把握影响着他下一步行动的结果，所谓“该出手时就出手”，白白地错过了最好的时机，下一次在遇到同样的良机时，也许只能是一种空想。在两难的抉择中，敢于决断是一个人强势做事的关键。

在这个世界上，犹豫不决的人可以说是可怜的人，也是最容易失败的人。要想成为一个强者，拥有强势做事的姿态，克服犹豫心理的羁绊是第一步。正如威廉·沃特说：如果一个人面对着两件事情犹豫不决，不知该先去做哪一件事好，那么他最后终将一事无成。他非但不会有什么进步，反而会越来越后退。唯有那些具有如恺撒一般的特性——先聪明地斟酌，再果断地决定，然后坚定不移地去行动的人，才能在自己的事业上，做出卓越的成绩来。

想到做到，要做就做最好

取得成功的唯一途径就是立刻行动，努力工作，并且对自己的目标深信不疑。世上并没有什么神奇的魔法可以将你一举推上成功之巅，那些空想家永远是行事的弱者。

经常会听到有人说类似这样的话：“如果当初我买了那套房子，现在就是富人了！”或“当时我要是再努力一下，肯定能上重点大学。”和这一样，有很多高尚的理想、伟大的思想、美妙的幻想，也是在某一瞬间从一个人的头脑中跃出的，这些想法转瞬即逝，如果不把这些想法付诸实践，那么当这些想法胎死腹中时，留下的只能是一声叹息。

很多人回首往事时，往往会为自己曾经的理想而唏嘘不已，那些曾经的少年时期的美好梦想，如今早已成为过眼云烟，而我们，依然还是平凡的自己！为什么会这样？原因很简单，当我们树立了所谓的理想之后，并没有真正地采取行动。事实上，任何事情都需要脚踏实地地去做，如果总想将事情留待将来，让自己的理想停留在纸面上，那我们的理想永远都不会有实现的一天。因为很多事情我们现在不做，将来也很难去做。

“只有想不到，没有做不到！”很多人将它作为自己的口头禅或座右铭，但并不是每个人都能在实际工作中践行这句话。想与做，从来都不在一个层面上，那些想到做不到的人不一定是蠢材，但是想到又做到的人一定是人才。因为即使迅速的行动不会带来成功，但依旧会收获经验，充实自己。立即行动也许不会结出成功的果实，但至少向成功又迈进了一步。但是如果没有行动，光有空想，即便是在收获的季节，也会发现自己两手空空。

这个世界永远不缺想法，但绝对缺少做法。在生活中，你会发现很多人都说自己最重要的是赚钱，但永远只有少数人能够赚到令自己满意数额的钱。为什么呢？因为有些人想了，更去做了，而更多的人不过是想想而已。

任何想法要变成现实都离不开大量枯燥乏味的行动。所以，当有了想法的时候，就要有耐心去忍受行动时的寂寞，并且要做好做而无果的心理准备。如果缺少这些，所有的想法都只能停留在想的层面。

想到不能做到的原因有很多，有的人是因为懒惰，缺乏行动的魄力，而有些人是因为太想把事情做好，反而把事情弄得更糟。

王磊在一家外企担任文秘一职，在几年的工作中，他常有这样的体会：有时候接到领导交待的写作文案的任务，特别是创作一些比较重要的文案时，总想脱离常规、别出心裁、别具一格，把文章写得有新意、有分量、有水平，让领导看了耳目一新、交口称赞。可一旦把标准定得过高，无形中就给自己造成了巨大压力，构思时就无从下手，或者容易脱离实际，结果越想思维越乱。于是就想着等灵感来了再写，结果等得越久，心里越着急，压力也越大。如此一来，一拖再拖，文章久久写不出来，自己也被拖得信心全无，而且还被领导批评。这就如英国首相丘吉尔所言：完美主义等于瘫痪。这句话很精辟地阐明了完美主义的害处。世间的事情没有一件绝对完美或接近完美，如果要等所有条件都具备以后才去做，那只能永远等待下去。

其实，“想到做到”，并非一件很难的事，它只需要明快、果断和信心。但是一件事情既已开始之后，是否能够有始有终，则要靠毅力和恒心。

人生的成功并不属于那些“语言的巨人，行动的矮子”，也与做事只用三分力气的人无缘，而完全属于那些脚踏实地、追求卓越的人。他们有着低调为人的智慧，更拥有强势做事的策略。空想家和理论派大有人在，然而成功的理由只有一个，那就是行动远远大于空想。谁都可以拥有无数美妙的设想，但最终抵达成功顶峰的，却是那些更善于行动的人。

小说《根》的作者哈里说："取得成功的唯一途径就是'立刻行动'，努力工作，并且对自己的目标深信不疑。世上并没有什么神奇的魔法可以将你一举推上成功之巅，你必须有理想和信心，遇到艰难险阻必须设法克服它。"

的确，想时容易做时难，想得再好，如果不行动，那永远不会有改变；既然决定着手做了，而不去用百分百的努力力争做到最好，就永远不会实现超越。其实，人人都能下决心去做大事，但只有少数人能够持之以恒，也只有这少数人才是最后的成大事者。

"想到更要做到，要做就做最好"是强势做事的最直接表现。正是这样的行动，才让思想的强者变成了行动上卓越的人。

CHAPTER4

第四章

方圆做人，中庸做事

做人的要义存于方圆之中。做人要方正，要有自己的主张和原则，不轻易被他人所左右。做人仅仅依靠“方”是不够的，还需要有“圆”的包裹，做人要圆融，要懂得策略、心机和手段。

做事的真谛在于中庸之道。中庸讲究和谐、和气，不伤人，不伤己。所谓中，就是本体，就是方法；所谓庸，就是实用，就是实行。中庸是种权衡，是普遍意义的成功智慧和具有至高无上地位的成功法宝。

方圆之道，做人之本

“方圆之道”囊括修身处世要义，即为庄子所说的“外化而内不化”。

人生在世，匆匆数十年，如何做人一直是世人费神的问题：一个人如果过于方正，不懂得灵活变通，以致迂腐，日子过起来难免磕磕绊绊；但一个人如果圆滑透顶，总想着自己占尽所有便宜，久而久之，定会成为“孤家寡人”。

方也不行，圆也不行吗？非也，方与圆是做人的两个方面，更多的时候是并行不悖的。两者的融合与贯通，是为人处世的最高境界。

“方圆之道”囊括了修身处世的要义，即为庄子所说的“外化而内不化”。“方”即方方正正，有棱有角，指做人有自己的主张和原则，不轻易被他人所左右，是堂堂正正做人的精神脊梁；“圆”是做人的策略、途径和手段，是妥妥当当的处世锦囊。

“方”乃做人之本，其要求人要坚守一定之规，以不变应万变。“方”是人难能可贵的一种品质，我们想要获得的优雅气质、性格魅力、成熟心理，在很大程度上也是由这种品质决定的。

“圆”是做人之术。其要求人在任何环境、条件下，都要灵活变通，更要力求圆满，不要有所纰漏。做事时要具体问题具体分析，注重灵活和讲究技巧。世上唯有“圆”的东西才会鲜活而灵动，“圆”的压力最小，张力最大，可塑性、流动性最强，是为适应各种环境而生的。水用自己的“圆滑”适应了各种渠道，才能够在大地上奔流，拥有鲜活的生命和气息，否则别说是奔向大海，就是寸步之间它也无法逾越。

做人“方”“圆”结合才是智慧与通达的成功之道。若只知“方”而刻板固执,则难免处处碰壁;若只知“圆”而太过世故,总想独占所有便宜,久而久之,哪还会有朋友在身边呢?“以方生圆”是养性,做人刚正不阿才生智慧,有智慧才能活化思维,处世也就圆润有余。“以圆从方”要审时度势,进而无往不胜、所向披靡。

《三国演义》中有一段“曹操煮酒论英雄”的故事。当时刘备落难投靠曹操,曹操很真诚地接待了刘备。刘备住在许都,在衣带诏签名后,为防曹操谋害,就在后园种菜,亲自浇灌,以此迷惑曹操,使他放松对自己的关注。一日,曹操约刘备入府饮酒,谈起以龙状人,议起谁为当世之英雄。刘备点遍袁术、袁绍、刘表、孙策、张绣、张鲁,却均被曹操一一贬低。曹操指出英雄的标准——“胸怀大志,腹有良谋,有包藏宇宙之机、吞吐天地之志。”刘备问:“谁人当之?”曹操说:“天下英雄唯使君与我。”刘备本以韬晦之计栖身许都,被曹操点破是英雄后,竟吓得把匙箸丢落在地下,恰好当时大雨将至,雷声大作。曹操问刘备为什么把筷子弄掉了?刘备从容俯拾匙箸,并说:“一震之威,乃至于此。”曹操说:“雷乃天地阴阳击搏之声,何为惊怕?”刘备说:“我从小害怕雷声,一听见雷声只恨无处躲藏。”自此,曹操认为刘备胸无大志,必不能成气候,也就未把他放在心上,刘备这才巧妙地将自己的慌乱掩饰过去,从而也避免了一场劫难。

刘备在煮酒论英雄的对答中是非常聪明的,他的大智若愚和巧妙应对就是方圆之道。曹操在朗声大笑中,免去了对刘备的怀疑和嫉妒,使他最后逃脱了虎狼之地。

做人要如何协调方与圆呢?一是方而不圆,即为“刚正不阿”,这种人可成为英雄、清正廉洁之人,像陶渊明不为五斗米折腰,但难免处处碰壁,满腹才华无施展之地。二是圆而不方,这种人多为八面玲珑、左右逢源之人,太圆则无刚,历史上的小人或是佞臣均属此类。三是可方可圆,这种人是交际场上的能手,人缘广及天下,在社会上游刃有余,春风得意。四是不方不圆,这是做人方圆之道的最高境界。这种人游走在世俗间进退自如、泰然自若，毫不为世人的眼光和评论所左右。

春秋时，孔子很讨厌阳货小人得志、不可一世的气焰。但阳货对孔子还比较尊敬，非常希望孔子出来为他做事。当他想让孔子拜见他时，孔子却不去拜见他。根据当时的礼节，大夫送东西给士，如果士没有亲自在家接受，就得回拜还礼。阳货就趁孔子不在家时给孔子家送去了一只乳猪。殊不知孔子也趁阳货不在家时前去拜谢。但是，二人竟在路上相遇了。于是，阳货就抓住孔子常说的仁和智两个话题，让孔子答应他的请求。孔子最后便答应他道："好吧，我要做官了。"

当然，后来孔子也没有做阳货封赏的官。所以，孔子的话不过是不得罪阳货的圆滑之词。如果孔子不答应他，以阳货的性格必然会在路上就胡搅蛮缠起来。这样的话，何不先答应他，以后再找借口拒绝呢？孔子这样做既没有得罪阳货，也没有失去自己的原则。先顺从自己不愿意顺从的别人的意愿，而后再想办法加以拒绝，更容易让人接受一些，这也是方圆之道的高明所在。

可见，"以圆随方"并不是无原则地随，就像水一样，无论怎样迁就环境，水总是保持自己的纯净之心。

方圆之道是海纳百川的气度，是做人的大智慧。做人遵循方圆之道，会使你的人生避免很多坎坷，在左右逢源的同时，创造出更多成功的良机。

方是进取，圆是迂回

迂回是一种智慧，更是一种策略。你虽不能像大海一样漫过高山，但你可以选择一条曲曲折折的小路将它绕过。

俗语说“三分做事，七分做人”，在诸多的做人之道中，方圆之道如其中的瑰宝而熠熠发光。做人有方有圆，迂回之术是圆通做人的核心。古往今来，那些锐意进取的人，都曾借助迂回之法使自己处于和谐的氛围中，趋利避害、借人之力，最终达成自己的目的。

词典里这样解释“迂回”二字：迂回是指在思想或表达方式上绕圈子的性质或状态；曲折回旋的、环绕的现象；进攻的军队向敌后方实施机动的作战行动，准确掌握敌情，正确选择作战方向和路线，周密组织协同的一种战略。

迂回是对方圆之道的进一步诠释。一个人立身处世，要懂得把“方”和“圆”结合起来：“边缘”要圆，能随机应变；但“内心”要方，有自己的原则和目标。想要成功的人，需要巧妙地运用“方圆”技巧，举一反三、开拓思路，能打破常规、更新观念、化腐朽为神奇。

做人恰到好处是一门学问，更是一门艺术，而其中的精髓就是懂得方圆之道中的“迂回”之法。迂回是让人懂得内方外圆的哲学，能熟练运用各种策略应对人生。迂回的方法多种多样，或以进为退，柔中有刚；或避实就虚、旁敲侧击；或引用联想，因小见大；或理性分析，娓娓道来。

伟大的天文学家伽利略的故事说明了迂回之法在为人处世中的妙用。

1610年，伽利略发现了木星周围的卫星，这是一个重大发现。不过，在当时的意大利国内，当权者都在忙于争权夺利，没有人重视科学研究。对于缺少科研经费的现状，伽利略也着实为难，有时他不得不四处拉赞助。

如何才能让自己的科研工作顺利进行呢？没有充足的科研经费是不行的，可想从王公贵族那里得到经费实在是天方夜谭。经过反复地思考后，伽利略把自己的这个发现呈献给了当时最有权势的麦迪西家族，因为这个家族将要成为意大利的真正统治者。

不久，冠西默二世登基了。与此同时，伽利略宣布：他从望远镜中看见了一颗明亮的星星（木星）出现在夜空，同时还发现了它周围的四颗卫星。木星代表着冠西默一世，四颗卫星代表着冠西默二世和他的三个兄弟。卫星围绕木星运行象征着他们兄弟们对王朝的忠诚，兄弟们将在冠西默二世的统领下尽职尽责、齐心协力。同时，伽利略还制作了一枚徽章——天神朱比特坐在云端之上，四颗星星围绕着他。他把徽章献给了冠西默二世，象征他和天上星星的关系。

伽利略把自己的功绩隐藏起来，把荣耀给了冠西默二世。冠西默二世获得了这一巨大的荣耀，非常高兴，当即任命伽利略为宫廷哲学家和科学家，并给予高薪。通过这个办法，伽利略可以专心从事自己的科学研究，并再不用为科研经费费神了。

有所坚持，有所迂回，这是伽利略做人的方圆之道。面对进一步研究木星的目标，缺乏科研经费的难题让他举步维艰。如果他只知道大搞科学研究，对王公贵族不屑一顾，那么他的研究就不能顺利进行。历史长河中很多的科学家之所以在最后的时刻未能成名，很大的一个原因就是不懂得迂回的道理，在一味地坚持中钻了牛角尖。伽利略则不然，他的做人之道会推动他取得事业上的伟大成功。

生活中，很多人只知有所坚持，但却不懂应该迂回。面对生活中的不如意，常心生抱怨，甚至满腹牢骚，不会让思维转个弯，在坚持自己的原则的同时，变换行动的策略。

《触龙说赵太后》这个故事发生在赵孝成王元年(公元前265年)。公元前266年,赵国国君惠文王去世,因当时孝成王还小,故由赵威后执政,因正处于新旧交替之际,国内局势动荡不安,国势大不如以前。秦国认为有机可乘,便发兵东下,赵国危在旦夕,太后不得不向齐国求援。齐国虽答应出兵,但按当时的惯例提出了条件:即赵国必须派太后的幼子长安君到齐国做人质。太后当然是一口回绝,并声称谁要再敢提此事“老妇必唾其面”。这样溺爱子女、固执任性,甚至蛮横不讲理,完全不像一个开明君主的样子。但这时和她较真有什么用呢?面对强秦急攻迫在眉睫的形势,触龙忧心如焚,但他又不能像其他大臣那样“强谏”,以免遭“唾面”之辱。因此他针对赵太后的心理采取了“迂回战术”,动之以情,晓之以理,最终使太后心悦诚服。

深谙太后心思的触龙,一出场,就有意识地显出苍老的神态。“入而徐趋”,“至而自谢”,叙寒温、拉家常,从容不迫,温和亲切,和太后的“盛气而揖”形成了鲜明的对照。几句寒暄之后,触龙就不厌其烦地向太后谈起了自己的养生之道。虽然得到的回答仍是“老妇不能”,但“太后之色少解”,而这正是矛盾转化的契机。

气氛虽有所缓解,但深谈的机会仍不成熟。触龙接着又为自己的少子提出求个“黑衣”职位之事。“愿及未填沟壑而托之”,言辞哀婉,自然能引起赵太后感情上的共鸣,也使得赵太后以为触龙不过是为小儿子求情而来,从而解除了心中的戒备。触龙以自己的爱子之心为诱饵,巧妙地引出太后的爱子之心,为过渡到长安君的问题做好了铺垫。

在话题很顺利地转到“长安君”身上时,并不能立即谈及“人质”问题。如果不小心致使太后恼羞成怒,就功亏一篑了。触龙再用迂回之术,他又转弯抹角地把太后爱女燕后与爱儿长安君作比较,故意强调太后爱燕后胜过爱长安君,且提出“父母之爱子,则为之计长远”,实际上却是借燕后之事提醒太后是否考虑到长安君的将来了。

此时,触龙的“迂回战术”已然效果明显,触龙自然一改刚才的面目,总结历史经验教训，开始展现出战国时期说客们纵横捭阖的风范和气势，而太后也是在万分羞愧的情境中心悦诚服。至此，大功告成，顺利实现初衷。

迂回是一种智慧，更是一种策略。你虽不能像大海一样漫过高山，但你可以选择一条曲曲折折的小路将它绕过，其中也必然会有美丽的风景。

为人处世，迂回是一种实用的技巧。现实生活中，有些话不能直言，便拐弯抹角地去讲；有些想法不易实现，就少不了借力用力，曲线而行。

做人坚守原则固然重要，而灵活圆通更是必备的心机，迂回之法更有助于我们乘风破浪，奋勇向前！

灵活变通，以巧取胜

牙齿虽然硬，但是太过刚烈，容易被磨损；舌头虽然软，但是柔韧，反而不用担心磨损。

对于普通人来说，在社会上行走虽不能说时时存有危险，但一刻的疏忽也许就会影响一生的前程。方圆做人是一种艺术，它要求我们既要站得稳，又要时刻准备好运用精巧的方式应付突如其来的变化，以求快速应变，不落于被动。

在方圆之道中，灵活变通、以巧取胜是一种至高的做人境界。所谓"变通"，"变"即应变，以高尚的德行持久应对世事人情的瞬息万变；"通"即通达，明辨事理，通晓人情，并以自身的修养感化、影响他人。想要精于做人，还要巧于处事，明于做事，就要研习为人处世的变通之法。

做人要有聪明的头脑，灵活的思维，遇到问题要巧妙处理。善于变通的人，才能在特定的境况下找到最合适的处事方法。相反，那些头脑笨拙、思维僵化者,做人固执死板,撞到南墙也不知要回头看看自己选择的方向是否正确。

如今,我们提倡具体问题具体分析,这也是灵活变通的处世之道。做人不能被习惯性思维束缚了头脑,只有这样,我们才更容易获得自己期待的成就。

战国时期,秦国有个人叫孙阳,精通相马,无论什么样的马,他一眼就能分出优劣。他常常被人请去识马、选马,人们都称他为伯乐。

有一天,孙阳外出打猎,一匹拉着盐车的老马突然向他走来,在他面前停下后,向他叫个不停。孙阳摸了摸马背,断定是匹千里马,只是年龄稍大了点。老马专注地看着孙阳,眼神充满了期待和无奈。孙阳觉得太委屈这匹千里马了,它本是可以奔跑于战场的宝马良驹,现在却因为没有遇到伯乐而默默无闻地拉着盐车,慢慢地消耗着它的锐气和体力,实在可惜!孙阳想到这里,难过得落下泪来。

这次事件之后,孙阳深有感触,他想,这世间到底还有多少千里马被庸人所埋没呢?为了让更多的人学会相马,孙阳把自己多年积累的相马经验和知识写成了一本书,配上各种马的形态图,取名叫《相马经》。目的是使真正的千里马能够被人发现,尽其所才,也为了自己一身的相马技术能够流传于世。

孙阳的儿子看了父亲写的《相马经》,以为相马很容易。他想,有了这本书,还愁找不到好马吗?于是,就拿着这本书到处找好马。他按照书上所画的图形去找,却没有找到。又按书中所写的特征去找,最后在野外发现一只癞蛤蟆,与父亲在书中写的千里马的特征非常像,便兴奋地把癞蛤蟆带回家,对父亲说:“我找到了一匹千里马,只是马蹄短了些。”父亲一看,气不打一处来,没想到儿子竟如此愚蠢,悲伤地感叹道:“所谓按图索骥也。”

这就是我们所熟悉的成语“按图索骥”的由来。这个故事的寓意,一是比喻按照某种线索去寻找事物;二是指不知变通、按死方法做人。

生活在现在社会这个富于变化的世界里，坚持自己的原则固然重要，但也要懂得给自己选一条最平坦的路前行。随机应变、灵活变通是“圆”的体现，是为人处世的绝妙技巧。在变中寻求突破，以灵活、巧妙的方式取得理想的结果，这是高智商的生存方式。

世界万物，皆在变化中不断发展。做人除了要勇于进取，不因循守旧之外，还应有高明巧妙的智慧。如果光有“变”，而没有“巧”，做人也很难成功。“巧”告诉人们要潜下心来做人，要会思考，不硬碰硬，不吃眼前亏。要知道，即使一堆鸡蛋去和石头相撞，结果也还是一样的。能四两拨千斤，以巧取胜，以少胜多，以弱胜强，这才是为人处世的最高境界。

古人用牙齿和舌头寓意两种不同的生存方式：

牙齿与舌头在食物研磨、品味过程中分工协作，起着各自不同的作用 。从物理结构方面理解：牙齿是切断和研磨食物的，舌头是品味、搅拌及吞咽食物的，使唾液和食物充分混合。

娇红柔软的舌头在牙齿的呵护下，尝尽了山珍海味，珍馐佳肴，寒冷时节窝靠一隅享受着温暖，丝毫感觉不到凛冽的寒风。

洁白的牙齿在舌头的指挥下，不怕困难，发扬了啃硬骨头的精神，越是艰险越向前，用劲儿狂啃，丝毫不留残渣，咀嚼细致，但是在细菌的攻击下，怕冷怕热，牙龈炎、牙髓炎、牙周炎、牙齿松动或移位等等，周身疾患。

有这样一个故事：孔子的老师快去世了，孔子去看他，希望他能留下什么话。那位老师说：“你看我的牙齿还在不在？”孔子看后说：“没剩几颗了。”那位老师又说：“你看我的舌头还在不在？”孔子说：“还好好的。”于是孔子立即悟出了其中做人的道理。牙齿虽然硬，但是太过刚烈，容易被磨损；舌头虽然软但是柔韧，反而不用担心磨损。做人应该像舌头那样能用巧劲生存，不要像牙齿那样全来硬的。

做人是一门高深的学问，即使你已经年过半百，但你仍有会有许多不足之处。漫长的人生犹如一场马拉松赛跑，要耐得住，耐得长、耐得久，更要懂方圆做人的道理，既要有能力灵活应变，又要有智慧以巧取胜，如此方可在人生的旅途上趋吉避凶，少遇坎坷。

圆中有方，坚守原则

做人要想别人“方”，就要先检点自己的行为。坚守原则，以身作则，才有说服力。

做人虽然要善于圆融变通，但必须遵守一定的法度和规则，坚守自己的原则，以便更好地立足于社会之中。这就是古语说的“行欲方”，方正是做人顶天立地的脊梁。

常言道：“君子有所为有所不为。”进中有退，迂中有直，不温不火，才能把坚持和灵活的做人技巧演绎得天衣无缝，因而才有大智大勇，从而决胜于千里之外。

臧武仲在鲁国担任司寇，负责国家的经济和狱讼事务。他为人正直，能言善辩，鲁国国王季武子对他颇为器重。

郑国有一个名叫庶其的人背叛了自己的国家，带着一批人马前来投靠鲁国，他顺便把漆和与闾丘两座城邑偷窃过来献给了鲁国国王。季武子见庶其归顺了自己，还为自己扩大了疆土，因而礼遇庶其。他不但把曾襄公的姑母赏赐给庶其为妻，而且还重重奖赏和他同来的人。一时间，这件事情成了鲁国内外茶余饭后的谈资，人们议论纷纷。

臧武仲认为大王这样做影响很不好。窃国者也是偷，季武子非但不惩处这些盗贼，反而姑息养奸，把他们奉为座上宾，那人们岂不会认为偷窃是天经地义的事情？

不久，盗贼果然就在鲁国大行其道。夜半时分上房揭瓦，破门而入，甚至在光天化日之下，也抢钱掠财，十分猖狂，一时间民怨沸腾。臧武仲却睁一只眼闭一只眼，没有采取什么行动。

季武子听说国家现在治安混乱，于是找到了臧武仲，质问他："现在盗贼无法无天，我都有所耳闻。难道你这个负责治安的人还不知晓吗？你为什么不管不问！"

臧武仲漫不经心地回答说："出现这种情况是不可避免的，我心有余而力不足，我没有办法禁止！"

季武子看到臧武仲心不在焉，十分生气，厉声说："我养着大批的军队，派遣他们驻守在边境，不分昼夜地监探，就是为了抵制强盗和外寇。你反而说盗不能治！要那些军队有什么用！你要有什么用！你连个盗贼都治不了，还谈什么才能？你还不如回家算了！"

季武子脸都气白了，一口气骂完，瞪着臧武仲，看他如何作答。臧仲武仍然不为所动，不紧不慢地说："养兵是另一回事。我虽然没有才能，但我知道国家仅凭借山河之险是不会昌盛的，最主要的是以德治国！"

季武子冷笑着说："原来你是说我没有德！你自己推说没有能力惩治盗贼、维护治安，还配谈什么'以德治国'？你若没有好的解释，我今天就赐你一死！"

臧武仲故意露出惊慌的神色，说："请您息怒。可是如果一边在消灭盗贼，而一边却引贼入境，您认为我能管理好治安吗？"

季武子一听更加生气："谁吃了豹子胆，敢引贼进来？你告诉我，我要严加惩处，把他分尸。"

臧武仲缓缓地摇头说："那庶其就是贼的头目，他率领了一群贼啊！您只看到了他们送来的礼物，却忽视了来源，反而还重赏他们。在百姓眼中，您养着一群盗贼。他们看到盗窃不仅可行，而且还能得到富贵，自然就改头换面做盗贼了。您说，我是不是无可奈何啊？"

季武子听完后，立刻明白了臧武仲话里的意思，原来他用辩论的手段在向自己进谏啊！他刚刚升起来的怒火立刻平息了下去，他没有让臧武仲回家，而是把庶其施以车裂之刑。

故事中的臧武仲智勇双全，即使惹怒季武子，也要坚持进谏。最终巧言让季武子知道了自身的过错。这不可谓不是方中有圆、圆中有方的行事典范。

同时我们也看到，做人要想别人“方”，就要先检点自己的行为。坚守原则，以身作则，才有说服力。身居高位的人端正自己的言行，依据固有的正确的准则和规矩处事，下面的人才会守“方”行事。

李白诗云：天生我材必有用。这个材指的是品质，而不是才华。一个人是否具有优秀的品质，会直接影响他最终能否取得一番成就。具备优秀的做人品质的人，无论身处何种环境，都能左右逢源，获得帮助，突破困境。对于他们来说，外在条件只能制约成就的大小，但无法阻止他最终取得成功。“方”就是做人最重要的品质之一。

对于做人而言，“圆”是方法和手段，而决定人生成败的则是“方”，是一个人坚持原则、刚正不阿的品性。

杨震是东汉时期的一位名人。他早年从事教育，在当地开办私塾，传道授业解惑。他为人正直，名誉清白，备受人们的推崇，在社会上有很高的威望。朝廷珍惜他这个人才，于是提拔他担任荆州刺史。

杨震为官有个最大的特色就是善于发掘人才，许多有才华的人因为他的推荐才得以飞黄腾达，王密就是其中一个。起初，王密只是荆州地区的一个名士，后来受到了杨震的重用，担任了山东昌邑县的县令。

王密后在官吏中十分享有名气，时时会想起杨震对自己的帮助。心想：要不是杨震的推荐，自己还不知道哪天才有出头之日呢！他决定借机报答杨震的知遇之恩，以表示自己的感激之情。

两年后，杨震被调往山东东莱任太守。王密觉得这是一个再好不过的机会，因此盛情邀请杨震在上任途中务必到昌邑叙叙旧情。盛情难却，杨震只好恭敬不如从命，在昌邑停留了几日。王密生怕有所怠慢，安排得无微不至，吃穿住用行都不用杨震操心。

临走前的晚上，杨震正要入睡，王密推门进来，客气地说："没有大人您，也就没有我王密的今天，这个恩情我不知用什么来报答。这里是我的一点心意，作为送给您的盘缠。"说完，就从身后掏出了十斤黄金。

杨震见状大吃一惊，好言劝道："盘缠我还是有的，你不必操心。我平生以清廉严格要求自己，你又不是不知道我的脾气！你收起来吧！"

王密回答说："这只是我的一片心意，既不是行贿受贿，也没有买官鬻爵的嫌疑，是我们个人的交情。现在天这么晚了，这件事情谁也不知道，您就放心收下吧！"

杨震在这类事情上是非常认真的，见他执迷不悟，而且说得有条有理，不禁心生怒气，训斥道："你不要再说下去了，今天的事情已经有四个人知道了，这已经足够我拒绝你了！"

王密好奇地问："怎么有四个人呢？"

"天知、地知、你知、我知！这难道还不够多吗？"杨震的反问掷地有声。王密只好惭愧地收起那些黄金，悻悻地离开了。

俗话说：人无横财不富。杨震在做官期间，为政清廉，从来不接受任何礼品和礼金。全家人也没有因为他做官而享受过一天的安逸，仍然和以前一样，过着俭朴的生活。

有人善意地劝说他应该趁现在做官的便利，置办一些田产和房屋，也好为子孙后代留条退路。但每次杨震都坚定地说："我一辈子没有沾染上有损我清白的事情，一旦上了贪船，什么时候靠岸就由不得自己了。这种事情我不会做的，当着别人我不会做，我一个人的时候也不会做！"

"那你能给你的子孙们留下什么呢？"别人问。

"别人都会说他们是清官的后代，这笔遗产就够他们受用一生了！"杨震自豪地回答。

人立身于天地之间，必须保持一些最基本的做人原则和处事标准，做事时切记“天知、地知、你知、我知！”不要在侥幸心理的作用下触犯原则和标准，以致让自己身败名裂。

做人要圆通，更要守住内心的方正。坚守原则是做人的铺路石，只有守原则、行得端、做得正，才会以一身正气傲立于天地之间。

圆中有方是做人的高明技巧。圆中有方，坚守原则，可以让你在面对诱惑时，保持清醒；圆中有方，坚守原则，可以让你面对失意时，保持平静；圆中有方，坚守原则，可以让你在面对欲望时保持刚强，从而成就辉煌的事业和如意的人生！

方中有圆，以柔制刚

方中有圆，才能既坚守原则，又不伤人伤己。以柔制刚，屈伸有度，才能赢得人心。

《红楼梦》中说：“世事洞明皆学问，人情练达即文章。”这句话是说，做人如果对社会上的各种事情都透彻明白了，那就是学问；处理人情世故干练而通达，那就是文章。为人两大要义就是做人与做事，而其准则便是：方圆之道。

一个人在社会上闯荡，如果事事碰壁，到处栽跟头，不是他太过愚鲁，就是太过方正，不懂得圆融之道；但是如果万事都是自己当先，想占尽便宜，太过圆滑的话，也必将众叛亲离。做人讲究方圆结合，方中有圆，圆中带方，审时度势，以柔制刚，才能掌控全局，泰然自若。

方中有圆，这不仅是自我表现的一种艺术，也是做人的一种策略。有时候，不刻意地追求，圆滑做人反而会有所得，太固执己见反而只能徒增烦恼。

一个成功的人，一定要具备刚强的性格，但不固执己见，即通常所说的刚柔相济，能以柔制刚。只讲“柔”，就会使自己过于“圆”而迷失了“方”，以致失败。只讲“刚”，又会导致刚愎自用。刚柔并济才是最理想的性格特点，也才是最好的状态。

韩信是一位家喻户晓的古代名将，其智谋盖世，妇孺皆知，最善用以柔制刚之术。

韩信从不目中无人，恃才傲物，而是谦和柔顺，能屈能伸。

有一天，韩信正在街上行走。忽然，面前出现三四个地痞流氓。只见他们抱着肩膀，叉着双手，趾高气扬地眯着眼睛斜视韩信。韩信先是一惊，随即便抱拳拱手道：“各位仁兄，莫非有什么事吗？”

其中一个撇了撇嘴，怪笑道：“哈哈，仁兄？倒挺会说话。我们哥儿们是有点事找你，就看你敢不敢做啦！”

韩信依然很平静地说：“噢？不知是什么事，蒙各位抬举竟看得起韩信？”

那些人哈哈大笑起来，刚才说话的那个人说：“哈哈哈，什么抬不抬的，我们不是要抬你，而是要揍你，哈哈哈……”其他人也跟着阴阳怪气地笑着。

韩信看看他们，依旧平心静气地问：“各位，不知小可哪里得罪了大家，你我远日无仇，近日无冤，为何要揍小可，实在令在下如坠雾中，摸不着头脑。”那人怪笑三声，说：“不为什么，只是听说你的胆子很大，今天我们几个想见识一下，看你到底有多大的胆子，是不是比我们哥儿们的胆子还要大？”

韩信一听，这不是没事找事嘛！故意为难自己，他心中很是气愤。却又忍住了怒火，面上赔笑道：“各位，想是有人信口误传，我韩某人哪里有什么胆识，又岂能跟你们相提并论，我没有胆识，没有胆识。”

那群人轻蔑地望着韩信，听他这样说，依然不肯放他过去。只见那领头之人,“当啷”一声将宝剑抽出来,往韩信面前一扔,将头向前一伸,对韩信说:“看你老实,今天我们不动手,你要有胆识,就把剑拿起来,砍我的脑袋,那就算你小子有种,要不然嘛,你就乖乖地从我的胯下钻过去,哈哈哈……”

韩信看了一眼地上亮闪闪、锋利的宝剑,又看了看面前叉腿仰头而立的地痞头头,皱了皱眉,围观的人早已纷纷议论,都非常气愤,让韩信去拿剑宰了这狂妄的小子。

韩信暗暗咬牙,却并未去拿那剑,而是缓缓俯下身去,从那个人的胯下爬了过去。众人无不惊愕,连那群流氓也怔在那里发呆。韩信起身掸尽尘土,头也不回,扬长而去。

从那以后,那群流氓再也没找过韩信的麻烦。后来韩信功成名就,又提拔了当年的那个流氓做了小小的官吏,那个人自然是感恩戴德,尽心尽力。

一个坚守原则而不能灵活处事的人,经常会弄得自己头破血流。特别是在敌我力量相差悬殊的情况下,一味硬拼,拿鸡蛋砸石头,显然是愚鲁的做法。试想,如果韩信一怒之下杀了那个人,必然会引发一场胜负难料的恶战,纵使韩信侥幸胜出,难免也要吃官司;如若败了,怕就是英年早逝,历史上也会少了位杰出的人物。

在千万变化的世界中,方是做人的规矩,是永恒不变的标尺,更是一种内在的约束力。它要求人应该怎样做,如何才能更规范;而圆是做人的技巧,是一种通融和宽容,是调节关系的润滑剂,它要求人能适应,会变通,能看清形势,分析利弊,采取最恰当的方式做事。方中有圆,才能既坚守原则,又不伤人伤己。以柔制刚,屈伸有度,才能赢得人心,才能在社会的浪潮中游刃有余。

中庸之道，和谐处事

中庸之道讲究和谐、和气，不伤人，不伤己。一个人太过正直，不懂人情世故，不顾和谐之道，很容易四面树敌，给自己的发展埋下祸患。

在我们倍加推崇的儒家之道中，中庸之法是其中的精髓，是我们为人处世的准则。中庸的“中”，即中正、适当、合宜、正确；中庸的“庸”，有用、常、平常三义。“中”“庸”合称，即中道之实用、中道为常道、中道可常行之义。

中庸的主旨是和谐，强调为人处世的方法。如何在不同的群体和各种各样的人中求同存异，和气交往，即让众人都觉得恰到好处，关键在于把握技巧。例如，用尊重别人的方式挑战他的观点，既陈述了自己的意见，又不会使他丢失面子，也使他人易于接受。

陈元方在小时候就显露出了才华，能言善辩。他的父亲是一位廉洁正直的大官，和他交往的朋友也是志趣相投者。在这种潜移默化的影响下，小元方对很多事情都有自己独到的见解。

在他 11 岁时，和他父亲交好的袁公邀请他们一家人到府邸做客。袁公非常喜欢这个举止大方、机敏灵活的孩子，一看见他就拉住他的手温和地问：“听说你读了很多书，很聪明。今天我要问你一个问题，你可要好好回答！”

小元方恭恭敬敬地回答说：“您尽管问，只要是我知道的，一定言无不尽。”

“你父亲在太丘做官，那里的百姓特别爱戴他，你知道其中的原因吗？”

陈元方不无自豪地说：“我最佩服的人就是家父。他在太丘为官数年，一心想着造福百姓。他除暴安良，严格按照法制惩处那些奸恶之徒；对那些贫穷人家乐善好施，想方设法地改善他们的生活。对于这样恩威并重、正直廉洁的父母官，老百姓们自然是看在眼里，喜在心上。”

袁公夸奖陈元方说：“你小小年纪就能看到事情的本质，实在是不简单啊！”

袁公有心要见识一下这个孩子的乖巧，还想试他一试，沉吟片刻，笑着说：“我对你父亲也很敬重。以前，我在郧县担任县令，在那里也深得民心，并且治理的方法和你父亲相差无几，都想让百姓安居乐业，衣食无忧！”

小元方不失时机地赞叹道：“家父经常在我们面前提起您，对您的政绩我也早有耳闻。您和家父是‘英雄所见略同’，正应了那句话‘物以类聚，人以群分’。”

听了小元方的一番话，袁公发出一阵爽朗的笑声，抚摸着他的头说：“你真是能说会道！我还有一个问题，你要如实回答！”

“我一定按照您的要求回答，只怕我年幼无知，说话有失轻重和分寸，其中有失礼的地方，请您不要放在心上！”元方一板一眼地说。

“我和你父亲的为官之道相差无几，在你看来，是谁学谁呢？”袁公说完，就看着元方要如何回答。

只见小元方略加思索，说道：“以前的周公和孔子，尽管出生在不同的年代，但是他们在政治上的观点不谋而合。他们都施行仁政，为百姓着想，受到了人民的爱戴，美名流芳百世。但是到现在为止，也没有谁能说清楚这两个大圣人哪个是老师，哪个是学生。就我看来，这也没有必要。您和家父也是如此。”

袁公见这一番话说得滴水不漏，小元方既没有看轻自己，也没有故意贬低他的父亲，而且还把自己和古代圣贤作比，感到欣喜不已。他对小元方赞不绝口，慨叹道：“后生可畏！家门大幸啊！”

小元方的一席话不偏不倚、不左不右，使得两个大人都很满意，这就是中庸处事的作用。

明代时，胸襟坦荡、一身正气的于谦却因为对人太苛刻而最后被人陷害，他至死都没弄明白何谓中庸。

于谦的命运与明朝的两次重大事件——土木之变和夺门之变紧密联系在一起。土木之变之后，他成为了英雄，举国拥戴；而夺门之变则使他身败名裂，命丧刑场。于谦一身正气，可同僚们为何最终倒戈相向？

土木之变使明英宗沦为瓦剌军队的阶下囚，整座京城岌岌可危。危难当头，掌管兵部的于谦挺身而出，排除各种干扰，率领各方力量，顽强战斗，击退了入侵的瓦剌军。与此同时，他还同文武大臣一起拥立朱祁钰称帝，重新建立明朝政的治核心。本想要挟明朝的瓦剌部族首领见到这种情景，被迫放回英宗。

文臣徐有贞，因在瓦剌军队进逼京师之时，率先提出“南迁”主张而遭到于谦的严正驳斥，为此徐有贞经常遭到同事们的讥笑，一直得不到升迁。他多次请求于谦举荐，希望谋取国子监祭酒一职。于谦也曾在景帝面前提及此事，但景帝认为徐有贞在危急关头大唱“南迁”调子，造成了极坏影响，不同意提升他。未能遂愿的徐有贞非常懊恼，他责怪于谦从中作梗，影响了自己的前程，因而对于谦恨之入骨。

武将石亨掌管着京师驻军的兵权，一开始虽因与瓦剌军对战遭败而被谪，但不久在于谦的保荐下，又官复原职，并在于谦的领导下，扭转败局，立下大功，被封为世侯。如此优厚的封赐使石亨受宠若惊，为了表达对于谦的知遇之恩，他向皇帝请求封赏于谦的儿子于冕。未曾想到的是，于谦在朝廷上义正词严地拒绝了，还指责他徇私。于是，石亨和于谦，二人关系宣告破裂，积怨日深。

由于处理事情不善婉转，说话直，不给人留面子，于谦得罪了本可以不得罪的人。就这样，文臣武将、内宫外廷结合在一起，形成了一股“倒谦”势力。一番密谋之后，不久就付诸行动。徐有贞等是行动的策划者，石亨、曹吉祥等则是行动的执行者，他们趁景帝病重之际，猝然发动宫廷政变，夺门成功，把老皇帝英宗又送上了皇帝的位子。而于谦的性命就丢在了这帮人之手。

中庸之道讲究和谐、和气，不伤人，不伤己。一个人太过正直，不懂人情世故，不顾和谐之道，很容易四面树敌，给自己的发展埋下祸患。中庸之道是人际关系的减震器和润滑油，它可以在出现误会、产生分歧、发生矛盾时，充当调停人，化一切恼人、难堪、剑拔弩张的干戈为玉帛。

只在社会上打拼，才能够真正理解中庸哲学所倡导的做事方略，凡事顺着“中庸”的方向思考的人，最终都将拥有所期待的和谐美满的理想生活。

吃亏得福，适度忍让

“吃亏是福”能使人的思想高尚，因为心中有了“吃亏”，做人才会有如丁香般的奉献精神。

郑板桥的“难得糊涂”这句话众人皆知，其还留下了另一句名言，那就是“吃亏是福。”很多人都将这句话当做警言，用以时时提醒自己在处世中不要过于计较非重大利益上的得失，这也正是中庸处世的核心思想之一。

吃亏，就是使自己的利益受损，因此谁都不希望吃亏。但俗话说：“吃亏是福。”做人吃点小亏，利字面前让三分，不占小便宜，这样才显心胸坦荡，使人觉得你本分可靠，能当大任，如此才会为你带来长远的利益。吃亏和忍让往往是联系在一起的，那些争强好胜、过于强硬的人，是不会理解吃亏是福的道理的。忍让是和谐处事的智慧，它不是懦弱的表现，相反，是种可贵的宽容、是种对人的尊重。懂得吃亏是福、适度忍让的人，往往一生平安，幸福淡然。不能吃亏的人，在是非和利益中斤斤计较，最终失去的反而更多。中庸之道讲吃亏与占便宜，正如祸和福一样，是相互依存和转化的。

杨士奇是明朝时历任五代王朝的大臣。他为人谦恭礼让，以正理待人，从不存有偏见，而受到众人的称赞。

自明惠帝以后多年，杨士奇曾担任少傅、大学士等官职，他在政治、经济上的待遇都已经很可观了。明仁宗即位之后，让他兼任礼部尚书，不久又改兼兵部尚书。

对此，杨士奇心中很是不安，向仁宗皇帝辞谢，他说："我现任少傅、大学士等职务，再任尚书一职，确实有些名不副实，更怕群臣要背后指责了。"仁宗皇帝劝解说："黄淮、金幼孜等人都是身兼三职，并未受人指责。别人是不会指责你的，你就不要推辞了！"杨士奇见君命难违，不能再推，就诚心实意地请求辞掉兵部尚书的薪俸。他认为，兵部尚书的职务可以担任，工作也可以做，但丰厚的薪俸不能再接受。仁宗皇帝说："你在朝廷任职二十余年，我因此特地要奖赏你才给予你这种经济待遇的，你就不必推辞了。""尚书每月的俸禄可供养60名壮士，我现在获得两份薪俸都已觉得过分了，怎么能再加呢？"杨士奇再三解释说。这时，身旁的另一名大臣顺势插话劝解说："你可以辞掉大学士那份最低的薪俸嘛。"杨士奇说："我有心辞掉俸禄，就应该挑最丰厚的相辞，何必图虚名呢？"仁宗皇帝见他态度这样坚决，又确实出于真心，终于答应了他的请求。

杨士奇能够让出自己的俸禄，是难能可贵的，也正因为他主动让利，才使皇帝觉得他忠诚可靠，一心为国，不谋私利，是靠得住的大臣。这也是他能够在钩心斗角的朝廷之中安然度过五代王朝的根本原因，哪一个上级不喜欢这样可靠的部下呢？

其实，事事皆同此理，谁不想找诚实可靠的人合作呢？也许看起来，杨士奇辞去俸禄是吃了亏，但正是这样的举动才使皇帝觉得他一心为公，能重用，从而放心的长时间让他担任要职，由此他就能更稳妥地一生享用金饭碗。可见他虽吃了个小亏，却占了大便宜。

俗话说，退一步海阔天空。既然退一步能拥有这么美丽的风景，那么我们为什么不吃点小亏、适度忍让呢？做人做事不必睚眦必报，为了点小事而闹得不愉快。学会忍让，真诚待人，凡事忍让为先，最终受益的还是自己。

古时，有一块价值连城的“和氏璧”。后来，这块宝玉落到了赵国赵惠王的手中。秦国的国王听到这个消息后，很想把这块宝玉占为己有。于是，他给赵王去信，假意用十五座城来交换和氏璧。赵王害怕秦王的威势，明知秦王的用意，也不敢不从。为了保住和氏璧，他挑选出蔺相如前往秦国。蔺相如不负使命，“完璧归赵”，从此，受到赵惠王的重用。后来，还当上了赵国的相国。

赵国有一位战功显赫的大将军，名叫廉颇。他见蔺相如没有一点战功，竟当上了相国，比自己的官还要大，于是，心中很不服气。廉颇手下的人也七嘴八舌，为廉颇鸣不平，使廉颇的气更大了。两个人一见面，廉颇总是不给蔺相如面子，经常与蔺相如发生争执。

但蔺相如毕竟是有学问的人，深知将相不和，有损国家利益，于是，决心以低姿态对待廉颇，来化解二人的矛盾。此后，廉颇与蔺相如在一起时，蔺相如都对廉颇彬彬有礼，十分客气。对廉颇的故意为难，蔺相如都一笑了之。廉颇和他的手下都认为，蔺相如是怕了廉大将军，于是，越发高傲了。

一次，蔺相如与廉颇的轿子在闹市正中碰头了，按礼节，蔺相如是相国，官位比廉颇高，应该廉颇让道才是正理。但廉颇根本不理睬，蔺相如见了，马上命手下让开道路，并令人传话：请廉大将军先行。廉颇走后，蔺相如手下的人都埋怨他太软弱。蔺相如却说：“我不是软弱，更不是怕廉颇，连秦王我都不怕，还怕他吗？我这样做，是为国家考虑，将相不和，国家如何安宁呢？”

这番话传到廉颇耳中，他细细一想，确实是这个道理。廉颇虽是个粗人，却很正直，懂得自己不对后，决定向蔺相如请罪。他命手下采来荆条，光着身子,背负荆条,徒步走向蔺相如的府邸。大将军这一举动,立刻成了特大新闻,人们都纷纷走上街头,围观廉大将军一行人。霎时间,人山人海。来到蔺相如的府邸前,廉颇跪了下来,高声说:"廉颇前来请相国治罪。"蔺相如听到后,来不及穿上鞋,就急忙跑出来,扶起廉将军。从此,二人将相和睦,使得赵国朝政稳定,社会安宁,赵国上下一片和谐。

蔺相如的吃亏和忍让是为了顾全大局,是为了国家的利益。他的忍让也成就了廉颇"负荆请罪"之举。一个忍一下,一个退一步,往往能够相互受益。

"吃亏是福"能使人的思想高尚,因为心中有了"吃亏",做人才会有如丁香般的奉献精神。有人说,忍让是世界上最宽广的胸怀,是让人心灵清澈的灵方,是成就大事的妙药。

在生活中,那些一点亏也不想吃的人,往往被人看做是奸诈之徒,只会使自己的路越走越窄。让步和吃亏是一种必要的投资。这种投资会赢得别人的信赖与合作,使自己获得更好的发展环境,对人对己都非常有利,这才是人生发展的最高境界。

藏巧于拙,用晦而明

藏巧于拙,用晦而明,是达至中庸的途径。

《菜根谭》里如是说,"藏巧于拙,用晦而明,寓清于浊,以屈为伸,真涉世之一壶,藏身之三窟也。"意思是:人再聪明也不宜锋芒毕露,不妨装得笨拙一点;即使非常清楚明白也不宜过于表现,宁可用谦虚来收敛自己;志节很高也不要孤芳自赏,宁可随和一点也不要自命清高;在有能力时也不宜过于激进，宁可以退为进，也不要太过于冒进，这才是立身处世的法宝，明哲保身最有用的就如狡兔有三窟。

一般来说，处于复杂社会中的人都喜欢那些为人质朴、厚道的人，而讨厌投机取巧、阿谀奉承者。表面上看起来油光机灵、满是心机的人，即使是愚笨的人，也会下意识地和他保持一定的距离。真正有才华、有智慧的人，往往会采取“藏巧于拙，用晦而明”的中庸之道行事，以求收到意想不到的效果。

唐初的重臣李勋，本是李密的部下，后随故主投于李渊父子的麾下。此时天下大势已趋明朗。李勋懂得只有取得李渊父子的绝对信任才有前途，于是他把“东至于海，南至于江，西至汝州，北至魏郡”的所据郡县上的地图、人口图派人送到关中，当着李渊的面献给李密，说既然李密已决心投降，那我所据有的土地和人口就应随主人归降，由主人献出去，否则自献就是自为己功、以邀富贵而属“利主之败”的不道德行为。

李渊在一旁听了，十分感慨，认为李勋能如此尽忠故主，必是一个忠臣。李勋归唐后，很快就得到了李渊的重用。而李密降后又反唐，事未成就“伏诛”。

按理说，一般的人到了这个时候，避嫌犹恐过晚，但李勋却公然上书，奏请由他去收葬李密——唯其“公然”，才更显他的“高风亮节”，假设偷偷摸摸，则可能会有相反的效果。

“服衰绖，与旧僚使将士葬密于黎山之南，坟高七仞，释服散。”这纯粹是做给活人看的。表面看这似乎有碍于唐天子的面子，是李勋的一种愚忠，实际李勋早已料到这一举动将收到以前献土地和人口同样的奇效。果然“朝野义士”公推他是仁至义尽的君子。从此李勋更得朝廷重用，恩及三世。

“大贤虎变愚不测，当年颇似寻常人。”李白的这句诗实在是耐人寻味，细细琢磨，其正好揭示了“用晦而明”的处世之法：在一些特殊的场合中，人要有猛虎伏林、蛟龙沉潭那样能屈能伸的胸怀，让人难以预测，而自己则可从容行事。做人随和一点，就算有能力也要以退为进，这才是真正安身立命、高枕无忧的处世法宝。否则，处处想显示聪明、表现自己，霉运就会随之而来。

三国时的杨修就因为处处表露聪明而使自己丢了脑袋，着实令人惋惜。

杨修刚开始在曹操手下任主簿，曹操很重用他，杨修却不安分起来。有一次，有人给曹操递了一盒酥，曹操吃了一些后，就又盖上，并在盖上写了一个“合”字。大家都弄不懂这是什么意思，杨修见了，就拿起匙子和大家分着吃，并说：“这‘合’字是叫人各吃一口啊，有什么可怀疑的！”

还有一次，建造相府，才造好大门的框架，曹操亲自察看了一下，没说话，只在门上写了一个“活”字就走了。杨修一见，就令工匠们把门造窄。别人问为什么，他说门中加个“活”字不是“阔”吗？丞相是嫌门太大了。

建安24年，刘备进军定军山，战事对曹操非常不利，进害怕刘备，退怕人耻笑。一天晚上，护军来请示夜间口令，曹操正在喝鸡汤，就顺便说：“鸡肋”，杨修听后，就让随从的军士收拾行李，准备撤退。曹操知道后，他竟说：“魏王传下的口令是‘鸡肋’，可鸡肋这东西，弃之可惜，食之无味，正和我们现在的处境一样。”曹操听了大怒：“匹夫怎敢造谣乱我军心！”于是下令刀斧手推出斩首，并把首级悬挂于辕门之外。

可怜杨修一世聪明，就这样到死也不知自己死因何在！如果他能收敛一点，或像刘备一样装装糊涂，造化就大不相同了。

在为人处世的过程中，多一分糊涂，就多一分快乐；多一分笨拙，也就多一分真诚，也能在事业上助你一臂之力。凡事刨根问底、刚愎自用的人，最后只会自找麻烦。藏巧于拙，用晦而明，如此做人，百利而无一害，这也是中庸处世的高明之处！

贪心不足 灾祸临头

贪心不足，灾祸临头。做人不能有太多的贪欲，要学会坚决、果断地放下。

“人若不知足，既平陇，复望蜀。”是《后汉书·岑彭传》中的一句话，说的是既取得陇右，又想进攻西蜀，后来便用这“得陇望蜀”来形容人的贪得无厌或不知满足，用一句俗语表示就是“这山望着那山高”。但常言道：贪心不足蛇吞象。生活中这样的人比比皆是：什么都不愿放弃，永远也不知满足，结果呢？只落得竹篮打水一场空。现今社会飞速发展、一片繁荣，导致人们心中的欲望也空前膨胀。

当私欲遮蔽了你的心智，贪心就会使你一错再错。贪欲的膨胀，将简单变得复杂，轻松变得沉重，快乐最终就烟消云散了。做人大部分的痛苦来自于欲望的不能满足。一味的贪心，不知满足，那绝对是人生最大的陷阱。

一股细细的山泉，沿着窄窄的石缝，叮咚叮咚地往下淌，不知过了多少年，竟然在岩石上冲刷出一个鸡蛋大小的浅坑。奇怪的是，山泉不知从哪儿冲来的金砂，填满了小坑，每天不增多也不减少。

有一天，一位砍柴的老汉来喝山泉水，偶然发现了清冽泉水中闪闪的金砂。惊喜之下，他小心翼翼地捧走了金砂。

从此，老汉不再受苦受累，不再翻山越岭的砍柴。过个十天半月的，他就来取一次金砂，不用说，日子很快就富裕起来。人们都感到蹊跷，不知老汉交上了什么财运。老汉对这天大的秘密守口如瓶，上不告父母，下不告妻小。

老汉的儿子跟踪窥视，终于发现了爹的秘密。他在认真看了窄窄的石缝、细细的山泉，还有浅浅的小坑后，埋怨爹不该将这事瞒着，不然早发大财了。于是儿子向爹建议，拓宽石缝，扩大山泉，不是能冲来更多的金砂吗？爹想了想，自己真是聪明一世，糊涂一时，怎么就没有想到这一点呢？

说干就干，父子俩叮当叮当地，很快就把窄窄的石缝凿宽了，山泉比原来大了好几倍，又凿大了深坑。父子两个累得大汗淋漓，想到今后可以获更多的金砂，高兴得喝了好多酒，醉成一摊烂泥……

父子俩后来天天跑来看，却天天失望。金砂不仅没增多，反而从此消失得无影无踪。他们百思不得其解，金砂哪里去了呢？

可想而知，水流大了，金砂还会沉淀下来吗？贪婪的父子连原本能够得到的金砂也失去了。人不能没有欲望，欲望是前进的动力，但做事时却不能有贪欲，不知满足，因为，贪欲是无底洞，你永远也填不满它。贪婪是一切祸乱的根源，会给你带来无穷无尽的烦恼和麻烦。

据说上帝在创造蜈蚣时，并没有为它造脚，但是它仍可以爬得像蛇一样快。有一天，它看到羚羊、梅花鹿和其他有脚的动物都跑得比自己还快，心里很不高兴，便嫉妒地说："哼！脚愈多，当然跑得愈快。"于是它向上帝祷告说："上帝啊，我希望拥有比其他动物更多的脚。"

上帝答应了蜈蚣的请求，他把很多脚放在蜈蚣的面前，任凭它自由取用。蜈蚣迫不及待地拿起这些脚，一只一只地往身体上粘去，从头一直粘到尾，直到再也没有地方可粘了，它才无奈地停止。

它心满意足地看着满身是脚的躯体，心中暗暗窃喜："现在我可以像箭一样地飞出去了！"

但是等它开始要跑时，才发觉自己完全无法控制这些脚。这些脚噼里啪啦地各走各的，它必须全神贯注，才能使一大堆脚不致互相绊跌而顺利地往前走。这样一来，它反而比以前走得更慢了。

人的情感极为丰富，贪欲作为情感的一种难以彻底消除。我们只能消减欲望，减少私欲，让自己从贪欲的无底深渊中得到释放与自由。

先贤告诫我们，面对难填的欲壑，我们应尽量享受已经拥有的，否则，自己苦心经营的美好生活顷刻就会被贪心毁得灰飞烟灭。对付贪心不足最有效的方法就是学会放下。人生的许多东西都是“生不带来，死不带去”的，得到你该要的、该有的就够了，剩下的，慢慢淡忘掉吧！当你学会舍弃后，你会发现眼前豁然开阔，人生中有了更多更美的风景，而你也能在简单的生活中享受到更多的快乐。人活于世，多数东西并不容易改变，容易改变的，是自己的态度和心情，只要你自己觉得满足，你就是天底下最富有的人。

人生起伏，知进知退

生命是最宝贵的，每个人的生命不会有第二次。面对剧烈的人生起伏，不妨先退后一步，避开动荡的风口浪尖。

不管是成功人士，还是平凡之人，人生路上都会几多起伏。缺少变化的人生，在平坦、平淡中不会有丰富多彩的风景。况且睿智的人都懂得，没有一帆风顺的生活，也没有一帆风顺的人生，起起浮浮，沉沉落落，人生必然会是一条曲折的路，只是所走弯路的多少不同而已。

有起伏就有进退，在环境、资源和其他外部条件发生变化时，那些知进知退的人，能够随高就高，随低就低，高时不忘乎所以，低时不自暴自弃，沉得住，也能浮得起。他们始终保持中庸的处事作风，保全自己，从而进一步谋求利益。

曾任北京大学校长的蔡元培先生是一位伟大的学者，真正的学界泰斗，更是一位知退知进、善于避开人生起伏的仁义君子，其为人、为学的风格无可挑剔。

蔡元培是浙江绍兴人，辛亥革命后，他成为了中华民国第一任教育部部长。亲手奠定了中华民国的教育体制。他从51岁出任北大校长到61岁卸任，在任一共10年，但实际在校任职时间不到5年，期间曾七辞北大校长而不准，每一次都通过辞职巧妙地避开了人生的起伏。

1917年7月3日，张勋拥宣统废帝复辟，蔡元培愤然辞去北大校长一职；1918年5月21日，他劝阻北大学生到北洋政府请愿不成，请求辞职；1919年5月8日，因为五四运动，他请求释放北大学生之后公开辞职，以示不与北洋政府合作。1919年12月31日，北京教职员不信任教育部，全体停止职务，他率先辞职。1922年10月19日，因为北大学生对讲义收费不满而闹事，他要求辞职，最后由胡适调停解决了一系列事情。1923年1月17日，抗议北洋政府冤枉逮捕财政总长罗文干，他愤然辞职。1926年7月8日，他从欧洲回国后，第七次提出辞职，仍没有获准，但他也没有回到北大。

蔡元培之所以一次又一次地辞去北大校长职务，除了上面说到的具体原因外，他在《关于不合作宣言》的文章里开篇引用《易经》的话说："小人知进而不知退。"他不是小人，是君子，所以他知退。他认为退有时候比进更重要，所以他提出"不合作"三个字。为了表示自己的不合作，他一次次辞职，一方面是以退的形式维护自己的人格自尊，一方向是抗议和示范。同时，通过主动辞职这种方式，在人生较大的起伏来临之时，有效地保全了自己，防止造成更大的人生损失。

中央电视台著名节目主持人崔永元可谓知进知退的高人。他从主持《实话实说》节目起，用自己特有的幽默和智慧，使一个新创的节目短时间内就成了央视的品牌节目，收视率迅速攀升到央视排名前十名，为了追求高质量、高品位、高收视率，崔永元在每期节目中都倾注了常人难以想象的心血，付出了极大的代价。绞尽脑汁的创意，风趣幽默的对话，独具匠心的选材，都体现了央视不同一般的大手笔，体现了崔永元做到好上加好的不懈追求。

正是一期更比一期好的目标要求，崔永元几乎把自己推到了艺术的绝顶边缘，这种无形的压力让他患上了严重的抑郁症。一味前进必然会导致疲乏，崔永元意识到了自己该是退的时候了，当许多观众还在热心期待"崔氏幽默"的时候，他坚定地选择了退出的路子。退出让他释放了所有的压力，犹如甩掉了一个巨大的包袱，使他能够静下心来认识自己，认识观众，认识进退之路。退使他得到了稍许的休养，得到了更多的创意，得到了更为宽阔的追求之路。当他的抑郁症好转之后，他又投入到了《电影传奇》的创作之中，一个精力十足的崔永元再次令人耳目一新。

崔永元是明智的，当他的人生面临疾病的威胁时，他没有选择坚持，而是放开自己，适时而退。假想一下，如果崔永元还一如既往地奋战在《实话实说》这个阵地上，栏目也许会办得更好，但他的压力也将会愈加严重，抑郁症也会愈加严重，甚至带来不可想象的后果。

在人生的起伏来临之时，一味后退而不想前进的人，是懦弱的人；只知进而不知退的人，是小聪明之人；只有懂得适时退让、保全自己的人，才是深谙中庸之道的智者。

漫漫人生路，总会有起伏，有波折。人们常用"三十年河东、三十年河西"来形容人生的起伏不定。而那些成功者无不深谙人生的起伏之道，起时则进，伏时则退，避免了在起伏的漩涡里动荡，承受不必要的挫折。他们在中庸之道的庇护下，为自己创造了最惬意的人生。

CHAPTER5

第五章

做人平常心，做事进取心

做人需要平常心的呵护。平常心应该是一种常态，是“仁爱、忍辱、不贪、知足”等观念的汇集。古语云：春有百花秋有月，夏有凉风冬有雪，若无闲事挂心头，便是人间好时节。平常心是受用终生的做人哲学，是具备深厚的修养的人才可长时间持有的。

做事需要进取心的鼓舞。进取心俗称上进心，是不断要求上进、立志有所作为的心理状态；是对人们面对困难、迎接挑战、勇于竞争时的鞭策和激励。人们常说，“逆水行舟，不进则退。”进取心的最大作用是能驱使一个人在没有被吩咐应该去做什么事之前，就能主动地去做应该做的事。正如胡巴特所说，这个世界愿对一件事情赠予大奖，包括金钱与荣誉，那就是进取心。

接受自己的一切

要想从生活中收获快乐，并在快乐中步入成功的殿堂，首先要做的就是坦然地接受自己的一切。

“人”字看似只有简单的一撇一捺，却蕴含着深刻的意味。写好一个“人”，只需两笔；做好一个“人”，却要一生的努力。人字的简单构造，也就预示了做好一个人的要义——活出真实的自己，接受自己的一切。

也许你刚刚走入职场，感受到了生存的压力和竞争的激烈；也许你已经懂得世俗，学会了阿谀奉承之功、趋势逢迎之道，在人生走入中年之时，放弃了原本选定的方向，修改了做人坚持的准则。但你是否知道，如果自己的心蒙上了灰尘，外表即使再光亮，也不是本质的自己。当你委屈自己，一而再地按照别人的意愿行事之时，你的脸上就开始戴上了一层层的面具。

做人应该坦然地接受自己的一切，虽不能追求轻灵飘逸之感，但也要努力享受轻松自在的生活。然而，社会的复杂化，让有些人学会了掩盖自己的真实，激动兴奋的时刻不能喜形于色，这样才显得谦虚有内涵；失意的时候要强装笑脸，这样才够大方而洒脱。是不是太过真实就会显得平淡无味？于是越来越多的人将真情隐藏，将泪腺封闭，用平静掩盖激动，用微笑来掩盖失意。其实，每个人都是一个多面体，在不同的环境下或开朗或深沉，或自信或消极，但不管是怎样的一面，真实的自己肯定是最令人放松和舒适的。

有句话说：“上帝散布给人间的苦难与月光一样的均等。”又有位哲人说过：“你要欣然接受自己的长相，如果你是骆驼，那么就不要去唱苍鹰之歌，驼铃同样充满魅力。”是的，这个世界上，没有一个人活得容易，更没有一个人会整日为鲜花与掌声所包围。无论命运是否乖蹇和不济，就像《简·爱》所言：“我贫穷，低微，不美。但当我们的灵魂穿过坟墓时，我们是一样的。”

当你面对不如意的事情时，不必满脸怨气；看到电视上才子佳人们独有的风采时，不必抱怨自己才气平平；看到歌手或名人们耀眼的光环时，不必抱怨自己缺乏艺术天赋，也不要去寻找那种自以为与生俱来的缺陷来让自己遗憾。殊不知，时间和机会在你抱怨时悄悄流逝。

命运的轨迹是我们无法决定的，要想从生活中收获快乐，并在快乐中步入成功的殿堂，首先要做的就是坦然地接受自己的一切。这不仅需要很大的勇气，需要毫不犹豫放下自己的架子，丢掉自己的面子，还需要有坦然面对冷眼以及闲言碎语的魄力。

路遥一辈子只写过一部长篇小说，就是《平凡的世界》，却足以奠定他伟大小说家的地位，也足以让人永远怀念他。

他是平凡的人，他不是天才，没有惊世的才情，但他不浮躁，不偷懒，不放弃，肯吃苦，能吃苦，甚至把生命和创作融为一体。他笔下的角色也都是平凡的人，比如孙少平，有着隐性的自卑，有时候也会懦弱，但是他坚忍顽强，奋斗不息。

孙少平家境贫困，却能够正视自己的家庭出身。他在苦难和饥饿中长大，他不怕艰难困苦的社会现实，求学期间饥饿时时折磨着他，褴褛的衣裳使他在女生面前不体面，苦涩、凄楚，心中郁积着难言的悲愤，但是他挺过来了，以清醒的思考，以男子汉的豁达平静地接受着这一切。他读书，打工，大胆追求“门不当户不对”的爱情，即使再苦难，也从不看轻自己。从学生时代的食不果腹、衣不蔽体，到揽工生活的颠沛流离，到爱情泯灭的悲痛欲绝，再到因工毁容后的埋头痛哭，孙少平尝尽了生活的艰辛，饱受命运的苦难，然而他却从未屈服，从未放弃对美好生活的渴望，默默承受，顽强坚持。从孙少平身上，能够感受到最顽强、最震撼的生命力，也能体会到在一个平凡的世界里的不平凡的人生。这其实也是路遥自己的人生写照。

十多年过去了，路遥唯一的一部长篇小说依然畅销，路遥的精神依然存在。许多人若抱怨命运的不公与多难，哀叹自己与成功无缘，那么只要翻开他的作品，就会明白，人不必苛求太多，关键是活出真实的自我。

日前，季羡林先生出了一本自选集，他向责编提出，一个字都不能改。他说他希望自己的自选集收录的文章能真实地反映自己，不管当初自己的文章写得多么青涩、思想多么幼稚，他都希望原样保留，不加任何掩饰。

他还亲自为这套书选定了一篇序言《做真实的自己》，他在文中称——“我主张，一个人一生是什么样子，年轻时怎样，中年怎样，老年又怎样，都应该如实地表达出来。在某一阶段，自己的思想感情有了偏颇，甚至错误，绝不应加以掩饰，而应该堂堂正正地承认。这样的文章决不应任意删减或者干脆抽掉，而应该完整地加以保留，以存真相。在我的散文和杂文中，我的思想感情前后矛盾的现象，是颇能找出一些来的……不管现在看起来是多么幼稚，甚至多么荒谬，我都不加掩饰，目的仍然是存真。”

真实，我们每个人都可以做到，生活中的所谓的枷锁是我们自己套上的。当我们一面抱怨周围环境造成的束缚，一面艳羡别人的自在生活时，我们忘了，其实很多束缚并不是强制性的，我们有权力和能力冲破它。试想，当你受到大自然的感染，不去抑制自己宣泄的冲动，赤脚在阳光之下尽情舞蹈时，除了会招来众人的注目或引来一点点非议之外，还会有什么影响？所以，生活中，你完全可以卸下沉重的面具，尽可能让自己享受最大限度的自由，在力所能及的情况下按照自己的意愿过精彩的生活。

知足的人心更宽

追逐幸福、满足欲望，是人与生俱来的本能。但若无休止地追求，对人却是一种伤害。

人们常说“欲壑难填”，一旦人们陷入欲望的沟壑当中，无休无止的欲望就会使人们变得贪婪。有人因为出名的欲望而放下自尊，有人因为当官的欲望而去犯罪，有的人因为赚钱的欲望而丢了性命。不满目前的处境就会产生浮躁的心理，不满目前的经济状况就会不停地跳槽，不满爱情就会不停地分手，不满现实就会心生抱怨。

每年七月，在强大的就业压力面前，总有人感慨自己“怀才不遇”。其实，求职需要良好的心态，要懂得诚信，懂得珍惜，更要懂得知足。不少刚毕业的学生自恃能力高，觉得普通的工作太屈才，刚踏进单位就计划着跳槽，结果跳来跳去，却发现还是原来的山头最高。把自己整天套在多家用人单位的绳索上，到最后肯定是“丢了西瓜，也许连芝麻都捡不到了”，而且在与多家单位的周旋中，自己的诚信也已经丧失殆尽。试问，作为招聘方，你会录用一个反复无常的工作人员吗？其实，道理就是如此简单，但对于那些好高骛远的人来讲却很难明白。

记得小时候听过这样一个故事：

有一个农夫，每天早出晚归地耕种一小块贫瘠的土地，累死累活，收入甚微。一位天使可怜农夫的境遇，就对农夫说，只要你不停地跑一圈，他跑过的地方就全部归其所有。于是，农夫兴奋地朝前跑去。跑累了，想停下来休息一会儿，然而一想到家里的妻子儿女们需要更多的土地来生活，又拼命地往前跑……有人告诉他，你到了该往回跑的时候了，不然，你就累死了。农夫根本听不进去，他只想得到更多的土地，获得更多的金钱和享受。可是，终因心衰力竭，倒地而亡。生命没了，土地没了，一切都没了，欲望使他失去了一切。

欲望是人前进的动力，没有欲望的生活是一潭死水。人活着，当然要努力奋斗，但也要知道什么时候该往回跑。不然，欲望会发展至贪婪成性，失去理性就会在欲望中沉沦，迷失方向，走向绝路。因此无论何时，我们都要保持平常心，有追求，但是更要有理智。没有追求的人生是暗淡的，没有理智的人生是失败的。知足常乐就不会为一个贪婪的欲望而失去心灵的宁静。

知足是一种理性。当我们的学习或工作没有做到最好时，我们没有怒火中烧的嫉妒、怨天尤人的牢骚，因为上帝赋予我们的那双明亮的眼珠意在提醒我们不仅要高瞻远瞩，更要左顾右看，既要看到前边的霞光点点，还要看清身后的长龙漫漫。知足，才懂得珍惜。生活在变化，然而身边总有不变的人在围绕。不管是长途陪伴，还是中途下站，抑或只是偶尔的邂逅撞见，总会共同弹奏出或舒缓，或激昂，或优美，或悲伤的曲调。珍惜这心灵共鸣的时刻，把握当下的和谐，营造和美的氛围，在感恩中学会珍惜，在珍惜中体验幸福。

老子曾经说："乐莫大于无忧，富莫大于知足。"然而，想学会知足并不容易，因为人的欲望很多，很高。社会的贫富不均，差别悬殊，难免会造成一些人的心理失衡，却也有人能随遇而安。

在韩国的著名小说《商道》中描述的一代巨富林尚沃，在生命的最后时刻悟出的人生哲学：金钱不为任何人所拥有，就像蓝天和大气一样，不能带走，只有舍去，才会看到真实的自己，也才会找到真正的幸福。最后他拆掉像皇宫一样的新居，盖了一座小房子，退出商界，像一个种菜人一样，过着隐居的生活。

谁都有过对财富的奢望，不过对快乐的渴望才是人生活的真正目的。现在，也有很多人把傍大款、傍富婆、攀龙附凤作为一种事业去经营，也有着公众所知的成功案例。不过那是需要付出自尊，忍受普通人不能忍的事，付出普通人无法想象的心血才能成功的。他们的获得，同他们的付出有时是不成正比的，有时还必须承受上天不公平的待遇。而真正持久的快乐感觉和名利没关系，它和你的心态有关系。你知道自己想要什么，你明白自己能得到什么，你知道自己应该怎么生活，你走得踏踏实实、平平安安，你就是快乐的。你的快乐也正是父母最希冀的，他们不在乎你给予了他们多少经济援助，他们希望你心中有爱，希望你走得端，行得正，堂堂正正做人。真正快乐的人，不是有钱财的人，有权势的人，有学问的人，有才干的人，才是知足的人。知足于父母的健康、孩子的学习、妻子的贤惠、自己工资的正常领取。知足，才能心安，才能坦然，才能平和地感受自己的快乐。

如果你现在嫌钱少而不快乐，那么就算你有再多的钱，你也不会快乐；如果你一个人的时候，不会自得其乐，那么即使你进入婚姻的殿堂，和爱人在一起，也不会拥有想象中的那么多的快乐；如果你现在不懂得享受生活，那么未来你也很难懂得怎样享受。对于平凡的人来说，能怀一颗平常之心，淡泊名利，对生活不挑剔，不苛求，不怨恨；寒不改绿叶，暖不争花红，富不行无义，贫不起贪心，这何尝不是一种练达的做人境界呢？

用平和的心处世

性情急躁、粗心大意的人，做任何事都不容易成功，而且很可能最终一事无成；性格温和、心绪平静的人，由于做事思考周详，往往各种福分会自然到来。

人生无常，没有一个人的生命历程是一帆风顺的，每个人都不可能时时、事事、处处都做到完美。所以要想有所成就，就要时刻保持平和的心态，当我们受到幸运之神眷顾的时候，不要得意忘形；当我们被各种失败挫折打击的时候，也不要灰心气馁。在天大的诱惑面前也要淡定自若，要在稳定中谋求前进。

古人说："性躁无功，平和邀福。"性躁心粗者一事无成，心平气和者百福自集。平和是一种心态，是一种美德，时时以平和的心态做人，将永远立于不败之地。做人做事如果能淡定自若，顺其自然，不以物喜，不以己悲，也就算达到了一种较高的境界。要做到淡泊而明智，宁静而致远，就要有一颗平常心。有人写过一本书，书名叫《感悟平常心》，作者阐释了人生"八大"平常心态（成败之心、贫富之心、淡薄之心、幸福之心、宁静之心、仁爱之心、忍辱之心、生死之心）。其实，作者最终是希望人们时刻保持平和的心态，因为拥有平静的心灵，就拥有了一种十分难得的处世态度。

平和之心并不是与生俱来的，它是随着人的修养的提升逐渐形成的，是经历挫折与失败后的一种心灵的顿悟，是经历繁华过后的一种平静笃定的态度。只有心境的平静，才能做到豁达而不失节制，恬淡而不失执著。

有一家大型葡萄酒厂在村子边儿上建了个分厂，这对于大伙儿来说无疑是一个发财致富的好机会。于是，一些胆大的村民马上在自个儿的田地里种上了大量的葡萄。

老爹也很想赚上一把，但又拿不准酒厂的生产状况和葡萄的种植产量，所以没有轻举妄动。

两年后，葡萄酒厂建成，地里的葡萄也开始收获。正如当初宣传的那样，葡萄酒厂根据协议收购了成熟葡萄，凡是种植葡萄的人家至少赚了好几万元。看到这种情况，村子里剩下的人家也一窝蜂地在地里种上了葡萄。

不过，老爹还是没动。

又一个收获的季节来临了。由于村子里种植的葡萄过多过滥，而葡萄酒厂的实际需求量又十分有限，致使葡萄的成交价格一路狂跌。

如此一来，大伙儿顿时没劲儿了。于是，起初赚到钱的葡萄种植户要么转让，要么改行种起了其他的作物，刚刚插上葡萄秧苗的种植户也赶紧拔起了幼苗。

但就在这个时候，老爹偏偏做起了葡萄的买卖：把转让的葡萄地承包过来，把人家拔掉了的葡萄幼苗重新埋进了土里……

有人嘲笑老爹傻，但老爹却不为所动，埋头专心地伺候自己的葡萄苗。

事实有力地证明了，老爹的选择是正确的。就在葡萄又开始上市的时候，由于没人种了，葡萄产量顿时少了许多，而葡萄酒厂又需要大量的新鲜葡萄做原料，结果老爹手中的葡萄轻轻松松地卖了个好价钱，一下子净赚了十多万元。

有人说："一个人只有持久、耐心地加强自我控制的能力，才可以获得平静的心灵。一个人能够做到心态平和、内心宁静，表明他拥有丰富的人生阅历，能够洞悉思想的法则以及运作方式。"故事中的老爹不就是这样的人吗？他并没有在从众心理的影响下急于求成，也不理会别人的嘲笑，而是放平心态，冷静分析形势，一步一步稳扎稳打，步步为营，从而稳中求胜。这种心态、这种做法实为是高人一等的生存哲学。

只有保持平和的心境，才能远离邪恶，才不会因区区小利而失去冷静，才能不被欲望迷惑，才能获得最大的成就。因此《菜根谭》里说：性情急躁、粗心大意的人，做任何事都不容易成功，甚至会一事无成；性格温和、心绪平静的人，由于做事思考周详而更容易成功，往往各种福分就会自然到来。

美德、智慧、修养，是我们处世的资本。以平和的心态处世，既是一种美德，也是一种智慧，更是一种修养。静而受益，躁而吃亏，这正是道家的动静之理。佛教《经集》说：水流流到大海和深谷后，不会再像小河流的水那样哗哗作响了，它看到的是无边的大海默默无声，只是微微摇荡。真正的强者总是善于隐藏自己的锋芒，因为他们懂得平和的重要性，知道只有内心平静了，才能更好地约束自己，从而妥善地对待世间的人和事。

保持宽容的心态

假如有人伤害了自己，千万不要只会怨恨，关键是要学会宽容，并避免被别人再次伤害。

有人说，宽容是怯懦；也有人说，宽容是没有个性。可我要告诉你，宽容是爱，是善待他人，也是善待自己。宽容他人，是仁者；宽容自己，是智者，学会宽容，你的人生也会从容、轻松、潇洒。

孔子的学生子贡曾问孔子有没有一个字可以作为终身奉行的原则，孔子说："那大概就是'恕'吧。""恕"，用今天的话来讲，就是宽容。在这个纷纷扰扰的世界里，做人要保持平常心，就必须学会宽容。面对别人的中伤和诽谤，上前评理只会产生争执，令诽谤你的人更加猖狂。最坏的一点是会打扰你内心的平静，使你产生记恨之心，最终流于小人的行列。要知道，并不是所有的伤害都是蓄谋已久的，假如有人伤害了你，千万不要只会怨恨，关键是要学会宽容，并避免被别人再次伤害。面对别人的过失，责备无济于事，不妨用一颗宽容的心来面对，结果就会是另一番风景。面对婚姻中的吵闹拌嘴，不要等着对方来乞求宽恕，你无法知道日后哪一天起离婚会成为“潮流”，不妨主动去宽容那些值得你这样做的人吧！

不久前，有网友称央视《晚间新闻》节目出现了重大失误，在一段国际快讯没有播完的时候，导播就将画面切回了主持人，而主持人正在低头擦脸补妆的画面在新闻中赫然出现了，整个画面时间维持大约两秒。在众多网友的跟帖中，除了很多网友指责导播失误外，也有网友严厉指出中央台的直播节目经常犯错误，不是主持人念错稿，就是导播接错信号。

按照常理说，作为中央电视台出现这样的失误的确不应该，然而把这些问题扩大化却也有失公平。女主持人化妆被直播的短短两秒钟，被好事者冠上各种罪名，显得有些得理不饶人。作为电视节目的制作者，在直播中会不会出现失误谁也不敢保证。俗话说“金无足赤，人无完人”、“人非圣贤，孰能无过”都表明人有缺点是不可避免的。这次失误，如果怀着宽容的态度去看，把这两秒看作是导播为电视新闻直播做出的拍摄花絮，不仅可以缓解当事人的尴尬，还可以给此事增添几分趣味。宽容是一种财富，我们在宽容的同时，也在为自己营造着良好的生存空间和有利的发展氛围，使敌对的、消极的、紧张的、不利的因素转化为友善的、积极的、和谐的、有利的因素。

其实，我们生活在社会这个大群体里，人与人之间免不了无意间发生一些磕磕碰碰，常常因一时的疏忽，或冒犯了别人，或别人冒犯了我们。正确的做法是冒犯者应主动、真诚道歉，被冒犯者理当宽容大度，说声“没关系”，让一切误会在“对不起”和“没关系”中烟消云散，使彼此重归和睦和友善。如果待人处世少了宽容，很容易使矛盾激化，使小事变成大事，甚至会酿成大祸而抱憾终生。拥有宽容的心态，会在今后的生活领域里给自己留一块干净的绿地。而那些受到人们宽容和谅解的人，也会把这种宽容和谅解再送给别人。

“管鲍之交”的故事相信很多人都知道，鲍叔牙和管仲是朋友，管仲年轻的时候，家里很穷，又要奉养母亲，鲍叔牙知道了，就找管仲一起投资做生意。做生意的时候，因为管仲没有钱，所以本钱几乎都是鲍叔牙拿出来投资的。可是，当赚了钱以后，管仲却将大部分的盈利据为己有。鲍叔牙的仆人看了对他说：“管仲如此重利忘义之人，不足与之为友。”鲍叔牙却笑着摇摇头，说：“管仲家贫，又有老母需要侍奉，我与他既为朋友，理应如此。”两个人一起去打仗，每次进攻的时候，管仲都躲在最后面，大家就骂管仲是一个贪生怕死的人。此时，鲍叔牙马上替管仲辩解：“你们误会管仲了，他不是怕死，他得留着他的命去照顾老母亲呀！”战乱中，管仲曾经追杀过齐国小王子小白，后来小白当上国王，决定封鲍叔牙为宰相时，他却说服小白，力荐管仲。小白听从了鲍叔牙的话，请管仲回来当宰相，而管仲也帮小白把齐国治理得非常好。

管鲍二人的友情，我们今日读来仍觉感动，鲍叔牙对别人的缺点的宽容，亦让人感慨颇多。难怪管仲在鲍叔牙死时，发自肺腑地说道：“生我者父母，知我者鲍叔牙也。”是什么原因使管仲将鲍叔牙看得和生身父母一样重要呢？正是这种博大的宽容。它能使朋友在无奈的包围下获得些许温暖，在阴霾的笼罩下看到一点光明。

“一个宽宏大量的人，他的爱心往往多于怨恨，他乐观、愉快、豁达、忍让，而从不悲哀、消沉、焦躁、愤怒；他对自己的伴侣和亲友的不足之处，以爱心劝慰，述之以理，动之以情，使听者动心、敬佩、遵从，这样，他们之间就不会存在感情上的隔阂，行动上的对立，心理上的怨恨。”同样的道理，当我们对待他人的时候，还是宽容一些吧，多一些耐心，少一些愤怒，权当是偿还他人对自己的宽容。

善待遇到的压力

身处劣势，便有压力，为自己注入进取的动力，最终有可能把劣势转化成为优势，从而取得胜利。

生活中的事情太过繁杂，很多人忙得不可开交，有时总是被赶着做某些事情，被生活“逼”得不停地工作。“逼”就是一种无形的力量推着你不断前进，让你超越自己，收获成功。“逼”是一种无形的力量让你心无旁骛，集中精力与它较量。如果你能笑到最后，你就会明白，这种力量的名字叫压力。

风烛残年的歌德在回忆他的一生时认为人不过如古希腊神话中的西西弗斯一样，终生服着苦役。压力就像命中注定要推上山的一块石头，不停地滚下来又不停地推上去，如此循环不息。更令人惊奇的是，中国古代的儒家思想也有相似的见解。仲尼说“生无所息”；孟轲说过“天将降大任于斯人也，必先苦其心志……”这一大段耳熟能详的话，无非都是要告诫我们要重视压力。压力是一种不可思议的魔力，每个人对压力都有不同的看法，多数人认为压力是一种煎熬，压着自己喘不过气来，时时受着痛苦的折磨。压力真的有这么可怕吗？是的，它既可以让你成功，也可以让你失败。

在压力下失败的人屡见不鲜。在高考时，有些人因为压力大，被夺去进入大学的机会；有些人因为压力大，而选择了结束自己的生命；有些人因为压力大，回到家里就乱发脾气，把压力都施加在别人身上；有些人因为压力而不思进取；也有些人把压力大当做失败的理由……外界压力的大与小我们无法控制，但我们自身的压力是可以调节的。给自己压力并不是要求我们必须遭受政治的迫害、经济的拮据、生活的贫困、疾病的折磨、意外的打击，而是要求我们在“励精图治、艰苦奋斗”的条件下求得兴旺发达，克服“沉湎享乐、意志消沉”，把坏的变成好的，把消极变为主动。如果能用正确的心态去迎接它，从不同的角度去看待它，它就不是恶魔的使者，而是天使的化身。

一天，一名剑客去拜访一位武林泰斗，请教他是如何练就非凡武艺的。武林泰斗拿出一把只有一尺长的剑，说：“多亏了它，才让我有了今天的成就。”剑客大为不解，问：“别人的剑都是三尺三寸长，而你的剑为什么只有一尺长呢？兵器谱上说：剑短一分，险增三分。拿着这么短的剑无疑会处于一种劣势，你怎么还说这剑好呢？”武林泰斗说：“就因为在兵器上我处于劣势，所以我才会时时刻刻想到，如果与别人对阵，我会是多么的危险，所以我只有勤练剑招，以剑招之长补兵器之短，这样一来，我的剑招不断进步，劣势就转化为优势了。”

秦末楚汉之时，汉中有一名大将叫韩信，在背水一战的情况下，他让军中的士兵把一切都丢入黄河，毫无牵挂地冲向敌阵，结果大败楚军。这就是所谓的“破釜沉舟”。也许这在现在看来有点儿冒险，但拥有这种敢于挑战压力的勇气却是十分必要的。在竞争激烈的21世纪，我们不仅需要这种勇气，更要为自己制造“破釜沉舟”的机会。海尔公司是中国第一家在美国制造和销售产品的家电企业。回顾创业之初人们的种种非议，总裁张瑞敏只用一句话来回答：“进美国，我们毕竟有成功的可能，但如果不进美国，我们就连一次机会也没有。”

没有人喜欢压力，但是压力给予我们的却是在有限的时间里自身潜力的完全释放。再懒惰的马，只要身上有马蝇叮咬，它也会精神抖擞，飞快奔跑。所以，压力不是件坏事，它让你每天一睁眼就明确了今天有哪些事情要做，让你为自己的目标去忙碌，让你精神饱满地去工作，津津有味地去生活，让无聊、浮躁、烦闷在你的生活里无立足之地，使快乐、幸福、充实充满你生命的每分每秒。压力即是动力。压力使我们不敢停下成长的脚步，压力使我们时时奋进，压力使我们面对挑战时不再退缩，压力使我们实现一个目标时不敢懈怠，压力让我们获得成就时能够再接再厉。

无论是人生或者事业道路上的艰难险阻，还是生活和工作中存在的种种挑战，都让我们感到了压力的存在，让我们增加了对时间的紧迫感。想要成就事业，就不可能不面对压力。对奋进者来说，每次经受的大大小小的压力，都是无穷的动力，他们喜欢在压力中生活。每一次的压力都意味着挑战的存在，而追求胜利和前进的决心，让他们一次次得以超越自我。

扔掉自卑再做事

有人说，不去比较，就会容易感到满足，也不会因为沾沾自喜而头脑膨胀。别人接不接受你其实没什么大不了，但你一定要接受自己，相信自己，对自己感到满意。

自卑，可以说是一种性格上的缺陷，表现为对自己能力、外表等的不自信和不认可。自卑的人，做事畏首畏尾，犹豫不决，很容易错过成功的好机会。一件很简单的事，如果你带着自卑的情绪去做，那么必然不会做好。自卑是人生中最大的绊脚石，它会让你失去不断进取的动力。自卑会消磨一个人的信心和斗志，使人自暴自弃，还会导致人们产生自闭性格。

或许你没有良好的家庭背景，或许你的身高、长相不如别人，又或许你不够聪明，但是你真的没有必要自卑。年轻的我们，人生才刚刚开始，还有很长的路要走，即便起步时迟缓了一些，天资少了一些，或是成绩一时不如别人，但这些远不足以决定一个人的一生。只要你攒足劲头，继续努力，很快你就可以成为一个优秀的人。当然，看到许多年纪和自己相仿的人都比自己强，的确是一件令人惭愧的事。这时我们要做的只是找到自己和别人的差距，然后努力赶上去。

经常遭受失败和挫折的人更容易产生自卑心理。自信心受挫，自卑感就会日益加重，过度的自卑会抹杀掉一个人的自信心。或许你本来有足够的能力去完成某个工作或某个任务，却因怀疑自己而失败，导致生活、工作、学习各方面都感到自卑，显得处处不行，处处不如别人，给自己的心理和生活带来消极的影响。

不要为自己的缺点感到自卑，即使你是一棵小草，你也有自己的价值，也要高昂着头，积极地向上生长。

从前有一个农夫，弓着腰在院子里清除杂草，因为天气很热，所以他脸上不停地冒汗，汗珠一滴一滴地流了下来。农夫越来越累，不禁嘀咕着："可恶的杂草，假如没有你们，我的院子一定很漂亮，为什么要有这些讨厌的杂草，来破坏我的院子呢？"

有一棵刚被拔起的小草，正躺在院子里，它回答农夫说："你说我们可恶，但也许你从来就没有想过，我们也是很有用的。现在，请你听我说一句吧。我们把根伸进土中，等于是在耕耘泥土，当你把我们拔掉时，泥土就已经是耕过的了。下雨时，我们可以防止泥土被雨水冲掉；干涸的时候，我们能阻止强风刮起沙土。我们是替你守卫院子的卫兵，如果没有我们，你根本就不可能享受赏花的乐趣，因为雨水会冲走你的泥土，狂风会刮起可恶的沙尘……你在看到花儿盛开时，能不能记起我们小草的好处呢？"

一棵小草并没有因为自己的渺小而自卑，农夫对小草不禁肃然起敬。他曾经整天埋怨自己的命运不好，一辈子都是农夫，被别人看不起，他觉得自己的地位很卑微。如今听了小草的话，他下决心要消除自卑，做一个自信、快乐的人。

每个人都有自己的缺点,但是缺点并不影响我们去做好一件事。有时候,不完美的人往往可以做出完美的事来。小草长在庄稼地里,我们要拔掉它,这或许没什么错误。如果它长在草坪上,体育场上,我们是不是还要花大力气来维护它呢?所以说,缺点未必就真的是缺点,看你如何发挥它,找到适合它的环境,缺点就会变成了优点。天生我材必有用,只要你相信自己,肯定自己的价值,一定可以做出有价值的事来。

我们千万不要把自己想成一个失败者,而要尽量把自己当成一个赢家。哲人常说,你想成为一个什么样的人,你就会成为一个什么样的人。首先,我们要在思想上重视自己,鼓励自己。只要你努力,大部分的事情你都可以做好。

刘小姐大学毕业后进入某服饰公司工作。被分配到经理部的她,因为不擅长计算,工作中总是出现或大或小的错误。和同事比较起来,她要花费两倍甚至更多的时间才能做完同样的工作,但即使是这样也经常做得不够出色。为此,她产生了很强烈的自卑感,每天都会为此而烦恼。由于她有这方面的缺点,所以在公司开始使用计算机后,领导对她说:“你用手计算的错误比较多,以后就学习用计算机工作吧!”

虽然她有些犹豫,但还是开始每天准时到计算机学校学习如何使用计算机的新知识,在短短的一年时间内,她就精通了计算机基础应用知识,于是比谁都算得更快、更准确,而领导对她的评价也发生了大转变。一起工作的同事也对她投以羡慕的目光:“真羡慕你能够操作计算机,如果我也先学计算机该有多好呀!”

不仅如此,在实施网络化作业的时候,刘小姐成了该计划的直接领导者,带领大家很顺利地完成了公司局域网的建设。

许多人总是过于追求完美,处处严格要求自己,因此在发现短处和缺点时就会耿耿于怀、瞻前顾后,时间长了,就形成了一种自卑、怯懦的性格。通常，怀有自卑情绪的人，总是认为“我不行”，“我比别人差”，“我不能胜任这份工作”等这种在还没有开始的时候就给自己宣判死刑的做法是十分不妥的。

实际上，每个人都有自己的优点和缺点，取人之长、补己之短，经过自己加倍的努力，每个人都可以很出色。只有走出自卑的泥潭，别人才会尊重你，才会看到你的长处。

人生中阻碍我们前进的往往不是别人，而是我们自己。自卑与自负，就像一对孪生兄弟，都会成为你人生中的绊脚石。扔掉自卑，相信自己，无论做任何事，你都可以做得很出色！

气馁是前进路上的魔鬼

一个人一旦气馁，他就会丢掉勇气，失去信心，无异于向恐惧、不详、坏脾气以及其他丑恶的东西敞开大门，让魔鬼潜入他的内心，随意控制和折磨，为所欲为。

生活中的人有各种各样的情绪——憎恨、恐惧、怀疑、嫉妒、怨恨，但是一个人一旦气馁，他就会丢掉勇气，失去信心，无异于向恐惧、不详、坏脾气以及其他丑恶的东西敞开大门，让魔鬼潜入他的内心，随意控制和折磨，为所欲为。有的人会因此滋生一些心理上的恶习。紧张、胆怯、鄙视他人、反抗、折磨自己、折磨家人。假使他以这样的态度在人生的战场上走下去，他就输定了。其实假使他意志坚定，进取不辍，仍会赢得胜利。

英国政治家兼诗人李顿写道：“在青年人的辞典中，根本没有‘失败’这个词！”不知道这句激励人心的话，每年在各个学校的毕业典礼中，要被提到多少次。困难和挫折，每个人都会遇到。没有哪个人能够一帆风顺地走完人生的旅途，就算那些名垂青史的帝王将相、英雄才子也不例外，并且，他们所遇到的困难非一般人可比。面对困难，他们采取的是迥然不同的人生态度，可叹、可泣、可敬，不一而足。他们留给后人的除了无尽的评述外，还有激励和教诲。

先有孔子，他的思想、言语跨越了时间和空间。他出身贫寒，仕途不顺，虽是满腹经纶、一腔热情，却在当了三个月的司寇之后被罢官。于是他周游列国，游说推行他的政治思想，然而没有哪个君主愿意采纳他的主张。几十年的时间，孔子亲历了万般磨难，依旧“知其不可为而为之”，面对困难毫不退缩。他那博大的思想、不屈不挠的意志、积极向上的崇高精神，给他众多的弟子以及后人留下了一笔取之不竭的财富。孔子也被公认为东方最伟大的思想家、教育家。

后有司马迁，他出生于世代为史官的家庭，由于家庭的影响，他十岁就能诵读古文，二十岁就开始到全国各地漫游。天汉三年，司马迁遭到李陵事件的牵连被判以死刑。为了完成《史记》的写作，他甘遭“腐刑”，蒙受奇耻大辱。司马迁在受刑后，虽然精神上受到了打击，但并没有消沉气馁，他痛定思痛，发奋著述《史记》，几乎用了毕生的精力，完成了这部历史巨著的写作。

如何面对困难和挫折，取决我们的思想和态度以及我们完成工作的意愿。孔子是位圣人，他执著地追求；司马迁则是一位超人，为了理想可以忍受一切苦难。在人生的进程里，我们总会遭遇不顺，但在不顺以后如何东山再起，才是最重要的。如果我们能够花费时间和精力去对付气馁，我们就可以从容应对，对各种各样的日常琐事，就会保持信心和希望。如果一个人不多加注意，气馁可能就会变成一种习惯，当类似的困难和障碍再次摆在眼前时，你的第一反应可能就只是沮丧，你的所有精力将会被逐渐消磨。

乐观的人说，挫折有时只不过是成功前的一个征兆而已，踢走挫折，成功的路就快走到了终点。但对于习惯气馁的人，挫折的来临就像是噩梦的降临，对他们来说，这一切都是没有意义的。挫折或许并不会被任何人重视，就像荷叶陪衬荷花一样，永远使挫折过后的成功显得更加耀眼。

海伦·凯勒向往的是三天光明，而我们呢？假如让我们失去三天光明，我们又会如何呢？我想可能三天都用不了，一天就足以让我们难以忍受。海伦的坚强，使她从被挫折打倒的地方重新站了起来，才孕育出一位如此伟大的女性。

人的一生总是由失败和成功组成的，人不可能在每个日子里都辉煌。也许你经历了无数次考验，付出了许多心血和汗水后，品尝到的仍然是可悲的苦涩。面对挫折，有的人迷失了方向，对自己的过去全盘否定，自暴自弃。殊不知，只有勇敢地面对它，才能找到成功的钥匙。失败了，不气馁，摔倒了，要马上爬起来，不要去欣赏自己砸的那个坑，勇敢地向前继续我们的旅程。人生不怕挫折，就怕挫折过后的气馁。气馁是你行走在人生道路上时鞋里的一粒沙子，你应学会随时把它倒出来。就像著名思想家拉尔夫·沃尔多·爱默生所说的那样：一心向着自己的目标前进的人，整个世界都会给他让路。

每天对自己说些鼓励的话

你的期望和你现实中的差距就是促使你每天努力的原动力，有进取心的人，他们懂得每天给自己加油。

对于工作繁忙的你来说，也许有很多烦恼，每天有想不完的心事，无休止的期望和现实的落差带给你不断的打击，让你心灰意冷，找不到前进的方向和动力。让这种状态持续下去，对自己百害而无一利。心理专家说，人的心态能够由主观意愿来引导，每天对自己说些鼓励的话，无异于给生活打了一针兴奋剂。能自己鼓励自己的人就算不是一个成功者，但也绝对不会是一个失败者。

人的一生是短暂的，努力拼搏的青春时光更是价值千金。然而，当生活不能如愿以偿或者不尽如人意时，我们不应一味地计较和埋怨，而是一如既往地做自己应该做的事，保持一种恬淡的心情对待生活，用积极的自我鼓励提升自己的士气。“人能走多远？”这话不要问两脚而要问志向；“人能攀多高？”这话不要问双手而要问意志。在短暂的生命里，我们不能失去人生的三盏灯塔：自信、勇敢和坚毅，在属于自己的土地上辛勤地耕耘，谁能否认明天不是一个丰收的日子呢？

一个懂得鼓励自己的人，是有着强烈进取心的人，我们绝对相信他对未来做了充分的准备。麦克·阿瑟将军曾经勉励我们说：“你有信仰，你就年轻；你若疑虑，你就衰老。你有自信，你就年轻；你若恐惧，你就衰老。你有希望，你就年轻；你若绝望，你就衰老。”学会每天鼓励自己，可以帮助自己寻找适合的目标，并让你在改变自己的同时，积极进取，激发潜能。

中国人有个习惯，喜欢夸奖别人，而当别人夸奖自己的时候，总会客气一番，自我肯定会被别人认为自大。当低潮来临时，我们会企盼有人拍拍我们的肩膀，给我们打气，却不知道依靠别人的鼓励来产生勇气和力量，未必能持久；而自己对自己的鼓励却可能陪伴你跨过所有的坎坷。

世情犹如银行，天晴送伞，下雨收伞，你最需要的东西，别人通常不会在你最需要的时候给你。请你别把这些视为悲剧，别给它安上喜或悲的标贴，先稳定住自己的心态，不然便会沮丧。对于一心进取的人来说，当没有人鼓励他的时候，他懂得最佳的支持者就是自己。你的期望和你现实中的差距就是促使你每天努力的原动力，有进取心的人，他们懂得每天给自己加油。

数千年来，人们一直认为要在 4 分钟内跑完一英里是件不可能的事。不过，在 1954 年 5 月 6 日，美国运动员班尼斯特打破了这个世界纪录。他是怎么做到的呢？每天早上起床后，他便大声对自己说：“我一定能在 4 分钟内跑完一英里！我一定能实现我的梦想！我一定能成功！”这样大喊一百遍，然后他在教练库里顿博士的指导下，进行艰苦的体能训练。终于，他用 3 分 56 秒 6 的成绩打破了一英里长跑的世界纪录。有趣的是，在随后的一年里，竟有 37 人打破了 4 分钟的记录，而再后面的一年里，又增加了二百多人。

每个人都向往幸福的生活，希望有充足的财富，有成功的事业，有美好的爱情，有健康的身体。这一切都要自己去努力追求，在追求过程中出现的一些艰难困苦都要自己去解决。当你感到吃力时，不妨多鼓励自己，给自己鼓掌，为自己打气，这样才不至于半途而废，才能永不放弃，直至成功。

每天鼓励自己，让勇气和力量在心中产生，就好比打开了心灵之泉，潜能喷涌而出。当你心情不佳的时候，请每天起来对着镜子微笑，大喊：“我是最棒的。”意志消沉的时候，可以在墙上贴满励志标语，每天在固定的时间默念；伤心失意的时候，就找个僻静的地方，痛快地流泪。你还可以多看看成功人物的传记；可以借运动来强化意志，忘却沮丧；可以每天自我反省一次……每当你对自己做出这些鼓励的行为，或在心底、脑海里大声呐喊时，你同样会听到来自心灵的一个同样的声音在回应：“yes，yes，yes...”正如法国心理疗法专家艾米尔·库埃在 20 世纪 20 年代被成千上万的英国人和美国反复念叨的名言：“每一天，在每一方面，我都越来越好。”

我们每个人，都应铭记：你只能自己鼓励自己，相信自己，因为你是自己最大的敌人，只有你才能打倒你；你是你的上帝，只有你才能拯救你。永远不要错过那一部分，我们称其为鼓励，它会使你时刻振作起来。当你失意落魄时，不要灰心，每天对自己说些鼓励的话，会使你精神饱满，生机勃发；当你自轻自贱时，请鼓励一下自己，这样会使你不再低头走路，而是鼓起勇气，信心十足地去面对生活；当你想获得成功人士拥有的一切时，请激励自己去努力争取，说不定几年后你就是一个荣耀的成功者。鼓励的力量是无穷的，它会像一簇阳光，为你照亮黑暗；它会像一眼清泉，消除你旅途中的干渴。

请记住:爱生活、爱自己,就别吝啬对自己的鼓励。

用值得相信的梦想武装自己

只要活着,就有希望,只要每天给自己一个希望,一个梦想,我们的人生就一定不会失色。

每个人都有梦想。阿甘在《阿甘正传》的结尾时说:有时候到了晚上,我仰望星星,看见整个天空就那么铺在那儿。可别以为我什么也不记得。我依旧跟大家一样有梦想……

梦想是什么?是引爆生命潜能的导火线,是激发生命激情的催化剂。给自己一个值得相信的梦想,我们将活得生机勃勃,哪里还有时间叹息、悲哀,将生命浪费在一些无聊的小事上?生命是有限的,但想象是无限的,只要我们不忘每天给自己一个梦想,我们就一定能够拥有一个丰富多彩的人生。

几十年前,耶鲁大学曾做过一项跟踪调查,研究人员向参与调查的学生们问了这样一个问题:“你们有目标吗?”有10%的人确认有目标。接着又问了第二个问题:“如果有目标,那么,你们是否把自己的目标写下来了呢?”这次,总共只有4%的学生回答是肯定的。20年后,当耶鲁大学的研究人员在世界各地追访当年参与调查的学生们后,结果发现,当年白纸黑字写下目标的4%的人无论事业发展还是生活水平都远远超过了另外那些没有这样做的同龄人。不说别的,这4%的人所拥有的财富居然超过了余下96%的人的总和。也许,这样的结果带给我们的只是些许的震惊。但最为令人无法轻松释然的是那96%没有写下人生目标的人们一生都在干什么呢?“这些人忙忙碌碌，一辈子都在直接或间接、自觉或不自觉地帮助那4%的人们实现他们的奋斗目标。”

把目标写下来，这不仅仅是写下来的简单过程，你必须用一种敏锐性的眼光去看清社会，判断哪些梦想值得相信，值得付出。有了梦想，生活才有方向，有动力。有了这些，生活也就有了希望。梦想是一种象征，一种精神的寄托。想想人生能有几个二十岁？在异彩纷呈的年轻时代，把你的目标写下来，用梦想武装自己，从此，你的生活就是充满生机的一场比赛，种种的机会就可能垂青于你。

《千手观音》的舞蹈表演深入人心，从中，我们不难发现梦想的强大力量。

中国残疾人艺术团成员在瑞士的苏黎世表演的《千手观音》等节目，感动了当地政府和媒体代表。“每个人都有一个梦想，残疾人也有，正是因为有了梦想，人们才有动力去实现。”因《千手观音》而在中国家喻户晓的聋哑舞蹈演员邰丽华如是说。她15岁开始习舞，15岁，正常人学习舞蹈已经不易，更何况是听不到音乐、感受不到节拍的邰丽华。刚开始学习时，她进步并不快，她的老师也曾经几乎放弃教导。后来，邰丽华凭借自己不懈的努力感动了老师，也让老师觉得她是可塑之才。邰丽华告诉记者，支持她练习的动力就是她的“梦想”，让她有力量去奋斗和拼搏。

就是靠着这样的奋斗精神，邰丽华演绎的《雀之灵》得到了原创者杨丽萍老师的赞赏；由她领舞的《千手观音》不仅获得了2005年中国春节联欢晚会特别大奖与歌舞类一等奖，更是踏遍世界四十多个国家；2004年雅典残奥会闭幕式上的精彩演出更是让人至今无法忘怀。这个身材娇小的舞者骨子里迸发的进取、拼搏的劲头让人感动。因为她“太热爱舞蹈了”。如果哪天不跳舞了，她愿意继续在舞蹈团里工作，去教像她这样的聋哑孩子跳舞。“不管生活给予我们的是好是坏，我们都要坦然面对”，正是梦想的力量帮助她克服种种困难，最终获得了成功。

梦想在一个人的心里可以是永恒的。它最大的意义是给予人一个方向,一个目标。它是一个人的信仰,是一个人在做事时的动力。它没有宗教,不爱金钱,不图权力,它是一个人心里最美好的部分。人的伟大就是把它作为目标来执著追求。

拥有梦想的人,他的心灵是积极的、健康的。有人说,梦想正如适量的镇静剂。它可以使背负太多沉重压力的我们的神智得到安歇。

拥有梦想,为梦想而努力、追求,人生才踏实,才充实,才精彩。哲人说,要毁掉一个有梦想的人是不容易的,因为他可以不停地向着梦想前进,肉体上的痛苦与物质上的缺乏都可能被追求理想的激情所掩盖,所超越。要毁掉一个有梦想的人又是容易的,只要剥夺他的梦想,让他像所有历史长河中碌碌无为的人那样活一辈子,这样就有可能把他逼疯。

向过去学习而不停留于过去

我们必须关注过去、学习过去,但不要停留于过去,在过去上面睡大觉。忽视过去与无法忘掉过去的人都是愚蠢的。

你见过有人曾经回到昨天吗?你绝对没有见过。即使我们能够回到过去,其景象也早已面目全非。时间是一座脆弱的桥梁,我们每迈过一步之后,它就已经变成过去,变成永恒。过去的已经过去,不再属于我们。

当你偶尔记起往事的时候,心中是否会泛起异样的涟漪?你回忆,你叹息;你回忆,你哭泣。你不如选择忘记过去,去展望那神秘的充满诱惑的未来。人活着不是为了别人,而是为了自己的目标和信念,把自己的未来掌握在自己手中的人,他的心愿才可能一一达成。不要为了曾经的放弃、曾经的退让、曾经的不自信而后悔。当未来变成现在时，那它就不再是未来，因为它成了现在，而后悔是无法改变现在的，到那时你便失去了另一个未来。

今天的存在和收获在于昨天的努力，站在今天的位置，我们不能忘记过去，这是常情。但是人总是在向前走，每走一步所遇到的情形都与过去有很大的差别，所以我们需要认真思考未来的方向。虽然过去的成功可以给我们增强自信心，但是很多时候我们却只是在困苦面前怀念着过去的成功，这往往容易导致自高、自大、自满的情绪，这样就很难有一个良好的心态去解决当前的问题。所以我们在忘记过去的坎坷的同时，还要善于忘记过去的成功。

有这样一个故事：一个小伙子大学期间表现非常优异，做过学生会主席，年年拿奖学金，是校园里的“风云人物”。大学毕业后，他去了深圳一家著名的公司工作。在公司里，他的目标很简单，他要努力做到和大学时一样出色。他从最简单、最普通的事情做起，每天第一个到办公室，包揽了所有的公共事务，加班加点，毫无怨言。第一年年终，老板给他加了薪。

不过，不久之后，他发现自己并不开心。因为老板给自己加的薪水并不是所有员工中最高的。第二年年终升职时，虽然他也名列其中，但却只是被提升为副主管。他很不满意，因为和他同来公司的另外一个人已经是部门经理了。他觉得在公司的这两年自己退步了，因为自己不是公司里最优秀、最出色的年轻人。于是，他把烦恼告诉了父亲。

做了一辈子记者的父亲给他回了一封信，信中说：“我曾经采访过一个马拉松冠军，我问他在到达终点前心里通常是怎么想的，他回答我说：在临近终点前，我什么都不敢想，只是拼命忘记自己曾经跑过的路，一步一步继续朝前跑。亲爱的孩子，你之所以不开心是因为曾经获得的荣誉太多了，它们让你产生了无形的压力，你始终在和自己的从前赛跑。其实你已经很优秀了！孩子，一个人如果真想获得更大的成功，就必须明白人生就和长跑一样，只有忘记从前跑过的路，前进的脚步才能够迈得更矫健！”

人总是容易回忆起过去，并被那些经历所羁绊，对心理产生各种各样的影响。不能忘记过去的成功和荣耀的人，就无法真正地虚心看待此时的自己。生活中的我们必须关注过去、学习过去，但不要停留于过去，在过去上面睡大觉。忽视过去与无法忘掉过去的人都是愚蠢的。生命不在于长短，而在于质量；当你还沉浸在过去的回忆之中时，说明今天的你乏善可陈。

如果你的房间里的东西太多，太乱，就会给人一种压抑和不舒服的感觉。同样，在你的心里，杂七杂八的东西多了，也要及时清理，该整理的整理，该搬的搬，该扔的扔。清理心房的"搬"和"扔"，就叫做"忘记"。一位著名的心理学家曾经说过：善忘，是人生的一种佳境。是的，当我们大踏步走入这种人生佳境时，你肯定会惊喜于自己的轻松、潇洒和惬意。

处于同一个世界里的人，每个都是生活中的选手，之所以赛出千差万别的结果，其根源往往就是因为精力的分配不同。人的精力是有限的，有所不为才能有所为，不会忘记也就不会记住。生活需要记忆，记住经验、记住关怀、记住友谊、记住爱情……但生活也需要忘记。不会忘记，就等于背上了沉重的包袱，就不可能保持前进的激情。

人生如同时间一样，一去不再回头，说过的话无法收回，做过的事无法重来。我们曾经拥有的事物不是被别人剥夺的，而是被锁起来，变成了尘封的历史。但是，我们还有未来，我们可以创造未来。当未来写成历史时，我们可以赋予其更深刻的意义，就好像一出戏的开头和结尾互相呼应一样。回忆过去不如展望未来，我们可以阔步向前，创造成就。

CHAPTER6

第六章

做人有深度，做事有角度

做人要有深度，洞察一切却不被矛盾束缚，看透得失却积极入世，得意之时不忘形，失意之时不丧志。大凡成功者，都有深度，“宰相肚里能撑船”“大肚能容天下难容之事”，这是一种修养，一种气度。这些人，往往能在喜悦中冷静思考，在失败时从容面对，一句“不以物喜，不以己悲”，把这种人的思想推到了至高的境界。

做事要有角度，要积极思考、开阔思维、勇于创新，我们才能看清事物的本质。人都是站在以自我为中心的角度观察世界、理解世界、要求世界的，人们被各自的利害关系所束缚，看到的多是对立、纷争和迷惑。世界本是多样性的，事物总是多方面的，人也总是多变的。要想看透事物的本质，就要从不同的角度去观察和理解。就如苏东坡所说：“横看成岭侧成峰，远近高低各不同。”

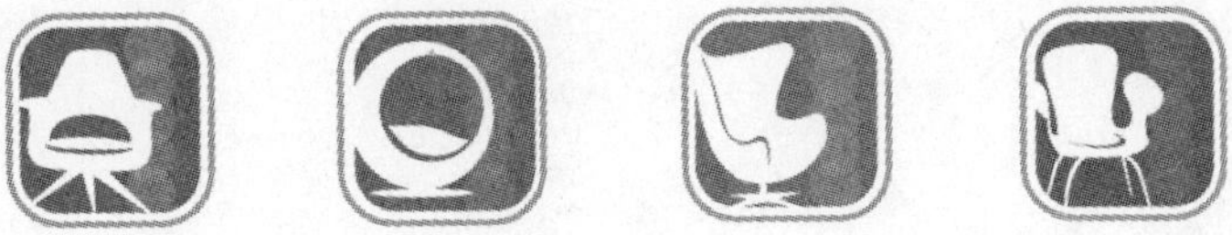

穷且益坚，不坠青云之志

古人云，“穷且益坚，不坠青云之志。”越是困难的时候越要坚强，永远不放弃心中的理想。

贝多芬说过：“卓越的人的一大优点是：在不利和艰难的遭遇里百折不挠。”有人认为，当不幸和灾难降临时，还谈什么气节和品性？这也就是大多数人都不能出人头地的原因。因为这种时候，正是考验一个人的毅力和恒心的关键时刻。一个有深度的人在重重磨难之下，会表现出坚强的毅力和持久的恒心，正是这些优秀的品质促成了他们日后的成功。

“自古英雄多磨难，从来纨绔少伟男。”大凡杰出的人物，都曾经历过十分恶劣的人生境况。然而事实证明，成功人士与平庸之辈最根本的差别，不在于天赋，也不在于机遇，而在于是否树立了远大的志向并为之努力奋斗。只有面对一切艰难险阻仍执著向前、奋力拼搏的人，才能铸造自己的深度，提升自己的人生境界。历史上无数成功的案例都诠释了这一道理。

英国有一个小女孩，天生胆小，尤其害怕夜里一个人走路。自从读完《居里夫人传》后，她对这位伟大的女科学家产生了深深的崇拜和敬佩之意，并立志要做第二个“居里夫人”。于是，她把想法告诉了妈妈，妈妈十分欣慰并鼓励她说：“孩子，一切都是有可能的，但你首先要勇敢，还要有毅力，经得起挫折和失败……”小女孩认真地点了点头，并努力按照妈妈的话去做。

8 岁那年，有一次，她和妈妈去集市买东西，快到家时，天色已经很晚了。她家的房子是一栋丛林掩映的红色小瓦房，虽然从房后看起来很近，但因为旁边杂草与荆棘丛生，时常还有刺猬等小动物出没其中，加上附近果园枝丫的遮挡，不仅行走不便，而且极易迷失方向，所以人们宁愿绕道也没有人从这儿走。那天傍晚，又要绕道时，小女孩突发奇想："能不能不绕道就到家呢?"于是，她倔强地拒绝了妈妈的劝告，一个人沿着房后，穿越丛生的杂草，结果真的赶在妈妈的前面回到了家。这件事虽小，却大大增强了她追逐梦想的雄心壮志。

长大后，伴随着知识难度的加大，在求学之路上，她遇到的困难和挫折也越来越多、越来越大。当很多聪明的男孩在某些刁钻的难题上放弃时，她却凭着自己的倔强，相信没有什么不可能，品尝着一一攻克它们的喜悦，并最终考上了令很多优秀学生向往的英国著名物理学研究院。

然而，尽管她已登上了科学梦想的巅峰，但当时社会对女性的歧视仍然使她在那所著名的研究院里受到冷遇和偏见。当年那个倔强的小女孩，又一次立下了她的壮志：向诺贝尔物理学奖发起挑战!

功夫不负有心人，几年后，她终于骄傲地站在了诺贝尔奖的领奖台上，不仅实现了幼时的宏愿，也让那些曾经藐视妇女的男性们俯首汗颜……

小女孩母亲的话影响了女孩一生。她告诉女孩就算是在挫折和失败面前也不要丧失坚强不屈的志气和追求梦想的决心。萨克雷说："勇气，是人类一切品格中最宝贵的品格。勇敢，世界就会让步。如果有时候你被它打败了，不断地勇敢再勇敢，它就会屈服。"因此，对于一个有志之人，逆境、困难、艰苦，都是成才征途上的荆棘，只有勇敢穿过，才能走上光明的坦途。要记住：朝着目标走去是"志"；一鼓作气中途不停止是"气"，两者合起来就是志气。一切事业的成败都取决于此。

其实，成功者的拼搏历程大多起始于不好的环境并经历了许多令人心碎的挣扎和奋斗。经历了这些沧桑之后，他们才具有了更坚强的意志和勇气。北京奥运会上勇夺八金后，美国游泳名将菲尔普斯立刻成了世界的焦点，同时他也被誉为游泳天才、游泳神童。殊不知，掌声和花环下的菲尔普斯却有着不堪回首的童年。在学校，菲尔普斯因为大耳朵以及口吃，被同学反复嘲笑。他的母亲曾回忆道："我儿子的成长并非一路坦途……刚开始是他的大耳朵，然后是他的长手臂，在哪里菲尔普斯都不可避免地被关注。"就是这样一个还不及普通孩子的菲尔普斯，却做出了让人震惊的不平凡的事。赛后有人采访他的教练，谈及菲尔普斯成功的秘诀时，他说："成功的人有一种习惯，就是心甘情愿地干那些不成功的人不愿意干的事情。"要是换作一般人，可能早就经受不住折磨而退却了，菲尔普斯没有，他勇敢地和挫折作斗争，是坚韧铸就了他做人的深度，让他注定成为不平凡的人。

"穷且益坚，不坠青云之志"是一种精神，越是困难的时候越要坚强，永远不放弃心中的理想。在人生道路上，每个人都有遇到挫折的时候。面对一切艰难险阻，能执著地追求自己的理想，即使在逆境中也不消沉放弃并具备锲而不舍的精神，才能获得比别人更大的成就。

静水流深，做人大智若愚

面对纷繁复杂的社会，肤浅的人总会吃亏。时刻保持一种低调、内敛的心态，多以柔和谦卑的态度与人相处，那才是智者的作为。

有经验的渡河之人都知道，在涉水之前，可以随手抓起一块石头投入水中以测量水深。水花溅得越高，水声越是响亮，河水也就越浅。相反，那溅不起多大水花，听不见多大水声的河水，必定是深不可测的……水的这种自然属性，映射出一种做人的智慧——静水流深。

奔腾不息的河流，虽有汹涌的外表，但却没有深度，没有内涵；静静的潭水，虽看似柔弱，但却深不可测。静水，象征着为人处世不张扬，态度柔和；而流深，则意味着胸中自有万千丘壑，有想法、有内涵。两者结合起来，那就是一个洞彻人生智慧的人，却没有锋芒毕露，只是平静地讲着道理，却自有一股无可辩驳的力量。这是一种内在的思想涵养和精神境界。只有品德高尚、道行深厚的人才会具有这种特质。

真正有大智慧的人，他们从不随便彰显自己，不炫耀自己的高深，越是有能力，越是放低身段，给人感觉低调而内敛。他们深知，做事情过于张扬，就会引得旁人的关注，众目睽睽，难免泄露玄机。此外。也会让对手有所警觉，甚至成为对手攻击的对象。保护自己的最好方式就是不暴露。尽管这样做会有损失，却能避免更多的风险。中华文化素来有隐忍之说。在现实生活中用“聪明不露，才华不逞；藏巧于拙，用晦而明”等韬略来隐蔽自己的行动，也是一些成大事者必然选择的方式。

武则天 14 岁入宫时只是唐太宗的一个嫔妃。唐太宗统万民、御天下的明君形象令她倾慕不已，她梦想着自己有朝一日也能够像太宗那样呼风唤雨。她深知，一旦暴露了自己的目标，就必然会死于非命。于是，她把“目标”隐藏在心底，充分利用自己的魅力，投太宗所好，顺太宗所需，很快就得到了太宗的依赖和亲近。不仅如此，她又与未来的皇帝——当时的太子李治建立了私情。唐太宗病危之时，太宗有意让她陪葬，武则天的梦想即将破灭。面对危险，武则天选择了出家当尼姑之路。她想：“只要保全了性命，来日就可以利用太子的关系，东山再起。”选择出家当尼姑是当时流行的一种悔罪修身、表示虔诚的方式。这样一来，一则对太宗表示了忠贞，二则保全了自己的生命，三则使更长远的掌权目标还有希望。她在特定情况下的这种选择让外人无可非议，也为自己实现深藏不露的人生目标埋下了伏笔。

武则天这种藏动于静的大本领，不但让她暂时避免了杀身之祸，而且为以后的东山再起积蓄了力量。李治继位之后，武则天马上就被调回宫里。起初的日子，也并不理想。她被派到皇后寝宫做了一名侍女。心思深沉的武则天，并没有抱怨，而是本本分分做事，在逐渐获得了皇帝及皇后等人的信任后，才开始了自己一步步向皇权进攻的计划。最终，她取代皇后成为了后宫之首，并逐渐控制了多病的李治，进而成为“垂帘听政”的创始人。等到李治病重懒得再理朝政之时，武则天则顺理成章地取而代之，成为中国第一位女皇帝。

武则天的心思不可谓不深，隐忍之功不可谓不强。现实生活中，我们常把那些，表面看起来愚钝而不张扬，内心里却掩藏着大智慧的人称为“大智若愚”，他们是最具深度的人。

古语有云：“愚者人笑之，聪明者人疑之。聪明而愚，其大智也。”意思是说：愚蠢的人，别人会讥笑他；聪明的人，别人会怀疑他。只有聪明但看起来很愚笨的人，才是真正有大智慧的人。《诗经》上也说“没有聪明人不犯傻的”，可见，不犯傻的人并不是真正聪明的人。

大智若愚是一种境界，关键在这个“若”字上。“若”设计了巨大的假象与骗局，掩饰了真实的野心、权欲、才华、声望、感情。对于一个才华横溢的人来说，这不仅需要克服骄傲自大的心理，更要兼备谦卑让人的美德。这种甘为愚钝、甘当弱者的为人之道，向我们展示了做人深度的含义。

面对纷繁复杂的社会，做人要有深度，多以柔和、谦卑的态度与人相处，那才是智者的作为。

宠辱不惊，做人稳住心气

所谓的宠辱，更多的时候是心灵对外界的主观感应。其实真正值得我们感应和在乎的是自己的心境。

生活在大都市中的许多人都觉得很累，在生活压力和工作负荷逐渐加重的情况下，精神空虚，情绪浮躁……一系列问题不断显现。金钱的诱惑、权力的纷争、宦海的沉浮让人殚精竭虑。是非、成败、得失让人或喜,或悲,或惊,或诧,或忧,或惧。显然,很多人已经陷入了世俗的泥沼而无法自拔。

造成这种困扰的原因,就是他们太看重一些东西。人生在世,追求梦想,追逐名利,难免会落得患得患失、疲于奔命的下场。此刻最需要的不是如何使事情变得顺心如意,因为人生不如意之事,十之有八。唯有调整身心,拥有"宠辱不惊,看庭前花开花落;去留无意,望天外云卷云舒"的心境,才可荡涤世俗的一切烦恼,获得物我两忘的超脱情怀。

宠辱不惊,是一门生活的艺术,更是一种做人的智慧。人生在世,有褒有贬,有誉有毁,有荣有辱,这是人生的寻常际遇。古人有云:君子坦荡荡。为君子者,不妨宠亦坦然,辱亦坦然,豁达大度,一笑置之。得人信宠时不轻狂,受人侮辱时忌激愤。做人稳得住心气,沉住气才能成大器。古往今来无数事实证明,凡是有所成就者无不具有"宠辱不惊,去留无意"的心态。

魏晋人物陶渊明之所以被誉为豁达风流之士,就在于其淡泊名利,不以物喜,不以己悲。也正因如此,他才可以用平和、宁静的心态写出"采菊东篱下,悠然见南山"的洒脱、飘逸的诗篇。这可谓真正的宠辱不惊,去留无意。而将这一精神发挥到极致的是唐朝武则天皇帝。这个曾经叱咤风云,创造历史,并最终站在历史制高点的女人,甘愿死后立一块无字碑。千秋功过,留与后人评说。虽一字不着,却尽得风流。这正是另一种豁达,另一种宠辱不惊,去留无意。还有那位著名的社会活动家、杰出的爱国宗教领袖赵朴初同志在遗作中写道:"生亦欣然,死亦无撼,花落还开,水流不断,我兮何有,谁欤安息,明月清风,不劳牵挂。"这种达观的态度也值得后人敬佩。

从某种意义上说,"宠"和"辱"关系人格和尊严,也表现了个人良好的自控能力,它是衡量一个人涵养和气度的标尺。

相传古代,有一个叫百忍的僧人名声极佳。他所住的寺院附近有个女孩未婚生子,女孩的父亲追问新生儿的父亲是谁,女孩无奈,说是百忍。人们震惊了,狠狠地斥责了百忍,并把孩子送到了寺院。百忍轻轻一笑收下了孩子。许多年后，女孩良心发现，告诉父亲那个小孩的父亲是另一位青年。大家这才知道错怪了百忍，去寺院向百忍道歉并接回孩子，百忍还是粲然一笑！

蒙受奇耻大辱，大师却视若纤尘，这种修养有几人能做到？在现实生活中，一个人如果面对高低起落时，能够时刻保持沉稳、平和的心态，那他必然能做自己情绪的主人。能够稳住心气，是做人有深度的基本表现，也是古往今来成大事者必备的一种素质。

“二战”后，以色列建国，人们推举爱因斯坦做国家总统。总统，一个多么诱人的职位！在这熙熙皆为利来、攘攘皆为利去的滚滚红尘中，有多少人梦寐以求却求而不得！然而，爱因斯坦却拒绝了，那是智者平静如水的拒绝。今天，当我们称赞他在科学上的巨大建树时，首先想到的是这位科学巨人面对镶满宝石的王冠轻轻摇动的一只手。

这样的淡泊名利，这样的沉稳专注，如今能有几人可以做到？曾见过一些得势之人，那种得意忘形令人吃惊，何苦？生命的顶峰永远在高处，与阳光相比，我们永远微不足道。还有一些人，境遇不顺便抱怨生活，何必？就如爬山，跌倒了，可腿还在，山还在，何不重新起步？只是，心中想的应该是奋斗的目的，自身价值的实现，而非成功和价值的炫耀。

人生在世，区区几十年。贫富不过百年，风骚安能永久？太在乎加之于身上的荣辱，实际上是自我陶醉和自我折磨。所谓的宠辱，更多的时候是心灵对外界的主观感应。其实真正值得我们感应和在乎的是自己的心境。

一个人在危机面前，依然泰然自若，视危机为挑战；在流言飞语面前，依然能够坦然无愧，走自己的路，让别人去说；在困难挫折面前，尤能愈挫愈勇，这样的人，能够坚持自己的气节，稳住自己的心气，在宠辱不惊中，活出高尚的人生。

百折不挠,做人勇往直前

对生活有深刻理解的人,他们以百折不挠作为人生的座右铭。

人生的色泽是在困难的突然光临、挫折的不时邂逅中铸造的,虽历经考验,如黄河入海一样九曲十八弯,但最终坎坷也会过去。那些成功的人在面对人生低谷的时候,总是能够心底坦然,不会屈服于挫折,而是勇于做一个承受痛苦、奋斗不息的人,以百折不挠的精神,继续奋力前行。哲学家苏格拉底有句名言:这个世界上有两种人,一种是快乐的猪,一种是痛苦的人。意思就是说这个世界上有许多人,他们的人生就只希望享受,有一天过一天,今朝有酒今朝醉。但是渴望成功的每个人都必须做好忍受痛苦的准备,人生不经历苦难,恐怕只有卑微的幸福。

对于一个有深度的人来说,他深谙坎坷铸造强者的道理。一个人做事倘若遇难就退、虎头蛇尾,还没有看到失败的迹象便立刻退却,他的人生只会有无数个起点,成功也只存在于无限的憧憬中。

对生活有深刻理解的人,他们以百折不挠作为人生的座右铭。有人说,我们的世界不是缺少聪明人,而是缺少拥有百折不挠奋斗精神的人。面对困难,忍耐使人提升张力,在蔑视挫折的同时越挫越勇,人生的辞典里就不会拥有失败。

约翰·库提斯天生严重残疾,骶骨没有正常发育,出生时双腿像青蛙般细小。连医生都被他生命最初的这个形态吓住了,医生给了约翰的父亲一个残酷的预言,他最多活不过一年。可是,几十年后的今天,他仍然自由自在地做他想做的事。约翰·库提斯用百折不挠的精神创造了生命史上的奇迹。

可是，不难想象，天生的残疾注定了约翰·库缇斯要经受多少磨难，他说他能生存下来的原因就在于敢于面对现实，主动迎击生活。他坚定地说："一个人一旦确定了自己的目标，就要去努力实现它，不要怕失败。1000 次摔倒，可以 1001 次地站起来。摔倒多少次也不要退缩。"

约翰学会了用手走路，摔倒一次又一次后，他成了一个滑板高手。他还学会了开车并考取了驾照；学会了潜水、游泳，拿到了澳大利亚残疾人网球赛的冠军和全国举重亚军……

他梦想当演说家："我要在 10 年内成为历史上最伟大的演说家。"现在，世界上至少已有超过 350 万的观众听过他的演讲。2004 年是约翰的"中国年"，他在 15 个省市做巡回演讲。他说，"如果我可以做到，你为什么不能做到？"

1999 年，约翰在巡回演讲途中被查出患了癌症。可是约翰不信命，他开始阅读关于癌症的资料，并积极配合医生的手术和治疗。果然，奇迹再次发生了，2000 年 5 月，他被正式列入癌症痊愈者行列。

百折不挠、勇往直前是约翰战胜一个个磨难的利器，这种精神也是他取得成功的基础。记得艾青有首小诗叫《礁石》，虽然篇幅比较短小，但读了这首诗，会令人自然地想到浩瀚无边的大海，它永远不停地翻着巨浪，就像一个人要迎接无数个接二连三的打击一样。"一个浪，一个浪，无休无止地扑过来，每一个浪都在它脚下，被打成碎末，散开……它的脸上和身上，像刀砍过的一样，它依然站在那里，含着微笑，看着海洋。"有一首歌里唱到"不经历风雨，怎能见彩虹，没有人能随随便便成功。"在人生的道路上，总不会一帆风顺，面对挫折一定不要愁眉不展，而要勇敢地以成熟的微笑去面对！

"我和身体被研究来研究去，一会儿说我小腿长，一会又说我柔韧性好，适合跳跃。我没有那么多才华，仅仅因为过去我输得比别人多，所以现在我赢得比别人多。"乔丹这番话曾使无数篮球迷日夜奋战在篮球场上，一大批篮球巨星由此涌现，卡特就是其中一个。乔丹的话固然有其谦虚的一面，但他说出了这么一个道理："赢得比别人多"的前提是"输得比别人多"。在多次曲折反复、百折不挠之后，他才成为了篮球巨星。

库雷曾说："许多年轻人的失败都可以归咎于缺乏百折不挠、永不放弃的战斗精神的缺乏。"的确，大多数年轻人颇具才华，具备成就事业的种种能力，但他们的致命弱点是缺乏百折不挠的精神，往往一遇到微不足道的困难与阻力，就立刻裹足不前，没有韧性，遇硬就软，遇难就退，遇险就逃。因此，终其一生，他们只能从事一些平庸的工作。

百折不挠是人生一笔不可多得的精神财富，拥有这种财富，人生的路上会时刻面临这样的选择：一种是安逸地退却，退却让我们平庸而渺小；一种是在坎坷和苦难中前行，前行让我们崇高而伟大。毫无疑问，大多数人被动地选择前者，变成了平庸之人。而有深度的人，这种精神早已成为他们性格中的要素，使他们因此令人钦佩和敬仰。

看淡得失，做人懂得放弃

在人生的大风浪中，我们要像船长一样，在狂风暴雨之下把笨重的货物扔掉，以减轻船的重量。

人总在思考追求什么，如何获得，记得有一位智者曾经说过：人世间的得失大体是相等的。要想有所得，必然要有所放弃，当你学会放弃时，你会看到黎明的曙光，毕竟有些时候，放弃才是最好的前进！

放弃，不等于逃避和退缩，也不等于失落和遗憾，学会放弃会使人轻松，使人睿智，从容地放弃眼前的得失，就会收获明天的成功。

一个老人在高速行驶的火车上，不小心把刚买的新鞋从窗口掉了一只，周围的人倍感惋惜，不料老人立即把第二只鞋也从窗口扔了下去。这一举动更让人大吃一惊。老人解释说："这一只鞋无论多么昂贵，对我而言都已经没有用了，如果有谁能捡到一双鞋子，说不定他还能穿呢！"

有深度的人都深谙放弃的真谛，他们能从损失中看到隐藏的价值，收获自己最想得到的东西。老者没有因为误失一只鞋子而扼腕叹息，却十分淡定从容地扔掉另一只，这不仅彰显出了他高尚的人格魅力，也昭示了他的做人智慧：得失随缘，放弃是另一种获得。

我们相信，当他把另一只鞋子扔出去的时候，虽然两脚赤裸，却收获了精神上的满足和成他人之美的赞誉。为人处世，适时地舍弃，是彰显深度的良方，是获得精神超脱和快乐身心的捷径。

俗话说：人生如棋局，取舍之间，彰显智慧。而坚持还是放弃，是得到还是失去，人们作决定和选择时，这些疑问经常困扰着他们的思绪。在我们的传统观念中，坚持历来被认为是一种积极的优良品格。坚持，坚持，再坚持，是很多人的座右铭。坚持就是胜利，也似乎成了千百年来的至理名言。可是有谁会看重放弃呢？很多人甚至鄙夷放弃，认为放弃是缺乏毅力和无能的代名词。在坚持面前，放弃往往显得那么渺小，那么微不足道。其实放弃，有时候是为了更好的坚持。懂得放弃之道的人，他对人生的理解已经颇为深厚。

巴尔扎克有一句名言："在人生的大风浪中，我们常常学船长的样子，在狂风暴雨之下把笨重的货物扔掉，以减轻船的重量。"人的一生面临着许多选择，有迂回曲折的坎坷，也有峰回路转的机遇，而选择的前提是坚持与放弃的问题。成功的关键不在追求得多一些，而在于你愿意放弃什么。放弃得正确，你就坚持了准确的方向。同样面对机遇和挑战，有人迎难而上，有人临阵退缩，有人顾此失彼，怎样才能做出正确的选择呢？这时就要拿出放弃的勇气来，该放弃时就放弃，有舍才有得。

诚然，有时放弃一些东西，我们会有很多的不舍与难过。但不要以为放弃就会失去很多，就算是失去了一些东西，但你得到的也比失去的多得多。尤其是当事过境迁，浮华过后，静下心来想一想，那些适时适度的放弃竟换来了我们后来的巨大收获。

清康熙年间，张英在朝廷担任文华殿大学士、礼部尚书。老家桐城的老宅与吴家为邻，两家府邸之间有个空地，供双方行走使用。后来邻居吴家建房，要占用这个通道，张家不同意，双方将官司打到了县衙门。县官考虑纠纷双方都是官位显赫的名门望族，不敢轻易了断。

在这期间，张家人写了一封信，给在京都当大官的张英，要求张英出面，干涉此事。张英收到信件后，认为应该谦让邻里，给家里回信中写了四句话：千里来书只为墙，让他三尺又何妨？万里长城今犹在，不见当年秦始皇。

家人阅罢，明白其中意思，主动让出三尺空地。吴家见状，深受感动，也主动让出三尺地，这样就形成了一个六尺的巷子。两家的礼让之举和张家不仗势压人的做法传为美谈。

在不少人眼中，放弃就等于畏缩和懦弱，如果放弃了某些东西，就意味着自尊的缺失和无能的暴露，真的是这样吗？其实恰恰相反，放弃是一种谦让的美德，是一种理智的选择，是有深度和风度的表现。张英失去的是祖传的几尺宅基地，换来的却是邻里和睦及流芳百世的美名。

孟子说过：“鱼，我所欲也；熊掌，亦我所欲也。二者不可得兼，舍鱼而取熊掌者也。”鱼和熊掌都得，那当然是最圆满的，但事实往往是鱼与熊掌只能取其一。这时我们就需要学会放弃，只有这样，才不会为一得而喜，为一失而忧，这也是成功所在。如果盲目地坚持要二者兼得，结果必然是鸡飞蛋打，得不偿失。

对人生的意义理解深刻的人能够看淡得失，他们深知，懂得放弃、敢于放弃，才会走得更远，攀得更高。

转变思维，倒过来看问题

对思考的磨砺比对身体的磨砺更为重要，从实际出发，在实践中思考，在思考中实践，扩展你的思维，会使实践更有效果。

在工作中我们会发现这样的现象：一个问题出现后，资历较深的员工苦思冥想，也未能找到合适的解决之道，换个刚刚毕业的大学生，他的想法和做法往往能够起到奇效。其中的奥秘，就在于人会不自觉地受到思维定式的干扰和束缚，限于经验主义的圈子里无法走出。

很多时候，思维方式决定了事情的走向及其最终的结果。在我们的日常思维中，由于经验主义、稳妥主义的束缚，人总是习惯或不自然地走入思维的定式中，以致于囚循守旧，不肯尝试突破。成功者坚信，在处理事情的过程中，没有绝对解决不了的难题。有的人之所以陷入僵局，只是因为按部就班，没有创新的思维。在这个世界上，从来没有绝对的失败，有时只需稍微调整一下思路，失败就有可能向成功转化。

里美的名字在美国空军中赫赫有名，他是美国战略空军的缔造人之一。在第二次世界大战期间，里美奉命参加了太平洋战区对日本的作战。当时，身为指挥将军的他领导的空军使用的是当时美国最先进的飞机——B-29高空轰炸机。这种飞机性能极为优越，当然，造价也是十分昂贵的。因此，美国空军司令部要求里美及其士兵要像爱护自己的眼睛一样爱护每架飞机。并声言，每损失一架 B-29 高空轰炸机，空军司令部都要做特别调查，严惩肇事者。

如此先进的高空轰炸机，应该在战场上唱主角，充当尖刀。但是效果却不尽如人意，有些飞行员不无讽刺地说："B-29 可以击中任何地方，可就是击不中目标。"原因是飞机自身存在着一些严重的技术问题。里美看到了这一情况，他陷入了深深的思考之中。在广泛地听取了作战人员和一些专家的建议后，他果断作出决定。他命令飞机做出一些改动，减少了一些装备和人员，以便装载更多的弹药。他还作出了一个让内行大吃一惊的决定：命令飞机飞行高度不得超过 7500 英尺，把高空轰炸机变成了低空轰炸机。

此命令一出，里美面临着更大的压力。美国空军部长艾德诺在电话中甚至气愤地说："我们花了大笔经费制造出的高空轰炸机和先进的自卫系统将被你的一道命令毁于一旦，你这是拿飞行员的生命开玩笑，是违背命令。如果你一意孤行，我会考虑撤换你的职务。"

里美没有改变自己的决定，他要让事实来说话。

事实证明，里美是正确的，改进后的飞机能准确地炸到目标而不是其他的任何地方。里美的战术获得了巨大的成功。

如今，更多的人懂得变换思维看待和解决问题，逆向思维的方式更是屡试不爽。但对于大多数人能来说，特别是在压力下，他们还是习惯于常规思维，因而看不到别样的空间。这也就使很多实际的可以解决的问题，被他们看成无法做到、难以解决的问题。

日本北海道冬季严寒，积雪的时期长达 4 个月。积雪对农作物而言，固然有防虫与防寒等好处，但积雪期太久的话，会影响农民播种的时间。

铲除积雪，得花大钱；等阳光来融雪，天公却常不作美。农民只好撒泥土来融解积雪，但泥土太重，融雪的效果也不好。所以，几十年来，积雪的问题一直困扰着北海道的农民。

有一天，一个老农夫试着把炉中的黑灰撒在积雪上，没想到，效果非常好，一举解决了数十年的难题。

黑灰不但较泥土易于搬动，而且热度高，融雪的效果比泥土强很多倍，再说移出黑灰，等于把火炉清扫干净，真是一举三得。

在生活中，思路决定出路的口号喊了很多年，它给我们的启示是：善于改变自己的思维，不按照常理去想问题，往往会取得非同一般的成效。善于变换思维方式的人，会从另外一个方面看待问题、判断问题，从而把不利变为有利。

转换角度，发现新的思路

思维的改变往往会带来惊人的力量，灵光一闪想出的好方法是解决问题的必要工具。

很多时候，我们按常理和习惯思考时，很难找到解决问题的突破点，不是思维受到了限制，就是不自觉地钻进了牛角尖。殊不知，只要你转换角度思考一下，解决问题的方法其实有很多。

有一个青年画家，他觉得自己的作品十分优秀，但销售量却很低。他为此换过画室的位置，也曾做过很多营销活动，但一幅画摆在画室，至少要几个月才能卖出去。

这天，他看到大画家阿道夫·门采尔的画很受欢迎，便登门求教。

他问门采尔："我画一幅画往往用不了一天，可为什么卖掉它却要等上整整一年？"

门采尔沉思了一下，对他说："你换个角度想一下，也许就会豁然开朗。"

青年人不解地问："换个角度？"门采尔说："对，如果你花一年的时间用心创作，那么，只要一天的时间肯定就能卖掉它。"

"一年才画一幅，这得有多慢啊！"年轻人惊讶地叫出声来。

门来尔严肃地说："对！创作是艰巨的劳动，没有捷径可走的，试试吧，年轻人!”

青年画家接受了门采尔的忠告,回去以后,苦练基本功,深入搜集素材,周密构思,用了近一年的时间画了一幅画,果然,它不到一天就卖掉了。

青年画家费尽心思地寻找提升画作销量的办法,尝试了各种营销手段,在绞尽脑汁之后,才发现问题出在作品的质量上。没有令人欣赏的作品,再好的画室位置和销售策略,也都无济于事。

美国一位著名的成功学专家曾说过:在认识事物和思考问题时,如果只有一个视角,这个视角是最容易把人引入歧途的。如果我们能换个角度看待它,就会发现事物不同的一面。

在人生的求索之路上,不仅需要信心、激情和坚韧,还需要清醒的头脑,需要理智地经营,多角度地看待问题。跌倒的时候,先别急着爬起来,不妨看看是什么绊住了自己。只有找到摔倒的缘由,才能不再重蹈覆辙,避免更大的失败。

每个人要想有更大的突破,在做事时,就要善于转换思考角度。有一个好的角度,就有了一半的成功;但若选择了一个坏的角度,你就得到了失败的全部。

“牛仔大王”李维斯年轻的时候,带着梦想前往西部追赶淘金热潮。一日,突然间,他发现有一条大河挡住了他往西去的路。苦等数日,被阻隔的行人越来越多,怨声一片。而心情慢慢平静下来的李维斯突然有了一个绝妙的创业主意——摆渡。由于大家急着过河,所以没有人会吝啬坐他的船,因此,他人生的第一笔财富居然因大河挡道而获得。换个角度思考问题的李维斯,轻松地走出了山穷水尽的境地。

但好景不长,摆渡生意渐渐地开始冷淡。李维斯决定继续前往西部淘金。来西部淘黄金的人很多,但卖水的人却没有,所以,水在这个地方成了最珍贵的东西。不久,他卖水的生意便红红火火起来。后来,同行的人已越来越多。终于有一天,在他旁边卖水的一个壮汉对他发出通牒:“小伙子,以后你别来卖水了，从明天早上开始，这儿卖水的地盘归我了。”他以为那人是在开玩笑，第二天仍然来了，没想到那家伙立即走上来，不由分说，便对他一顿暴打，最后还将他的水车也一起砸烂。

李维斯不得不再次无奈地接受现实。当他扬长而去时，心底的不甘和活跃的思维又使他在绝境中看到了生机。他把那些废弃的帐篷收集起来，洗干净后，缝制成衣服，销售给淘金者。就这样，他做成了世界上第一条牛仔裤。从此，他一发不可收拾，最终成为了举世闻名的“牛仔大王”。

李维斯成功的经历告诉我们，在这个世界上，从来没有绝对的失败，有时只需稍微调整一下思路，转变一下角度，就会发现新的成功的机会。

每个人做事都希望自己能够放开思维，想出更多的解决问题的方法，站在最好的角度，把事情做得尽善尽美。思维的改变往往会带来惊人的力量，灵光一闪想出的好方法是解决问题的必要工具。一个人不管处境如何，都要懂得积极思考的意义。在顺境中多思考，我们能保持清醒的头脑，从而稳健前进；在逆境中换个角度看待问题，在找到失败的症结的同时，更能发现新的机遇。

看准出口，开辟一条新路

一个好的研究者知道应该发挥哪些构想，而哪些构想应该丢弃，否则，会浪费很多时间在差劲的构想上。

南辕北辙的故事小时候我们就已经听过，其中的寓意随着个人的成熟也更加丰富。成功者从小小的故事中理解到选择正确的方向对自己的努力是何等重要，就如哲人所说的那样，行走在错误的方向上，停止即是进步。

纵观历史，无数事实证明成功人士与平庸之辈最根本的差别，不在于天赋，也不在于机遇，而在是否选对了正确的人生航向。无数成功者的案例也诠释了这一道理：林肯致力于解放黑奴，并因此而成为美国最伟大的总统；海伦·凯勒专注于写作，因此，尽管她双目失明、两耳失聪，但她还是创造了自己人生的辉煌；福烈兹专心于生产利润低微的小酵母饼，结果这种酵母饼畅销全球。这些人的成功无不源于绘制了正确的人生坐标。

对于大多的数普通人来说，成功并不是轻而易举就能获得的，一次次失败的历练，艰难和困苦的环境给你的人生考验，这些对于志存高远、行胜于言的人来说并不是那么难以战胜。相反，在反复地经历了不同的人生磨砺后，生活的境遇并没有较大的改变，他们痛苦的来源集中到不知道自己真正的出路在哪里，不知道自己到底适合干什么，那个最适合自己的位置更是在一片迷雾中毫无踪影。

哲人说，宝贝放错了位置就变成了垃圾。当我们陷入生活和事业的困厄中，找不到出路时，困惑和茫然的感觉往往会压得你喘不过气来。这时候，我们就应该想尽一切办法使自己的情绪安静下来，并保持自己的头脑清醒。

回头看看你走过的路，如果你以相当多的精力长期从事一个项目，但仍旧看不到一点进步、一点成功的希望，那么你就有必要及早掉头，去寻找适合自己、更有希望的道路。

“一个好的研究者知道应该发挥哪些构想，而哪些构想应该丢弃，否则，会浪费很多时间在差劲的构想上。”诺贝尔奖得主莱纳斯·波林的这句话曾令很多人拥有了重新选择的开始。当人生走入狭窄的困境时，千万不要再以一成不变的眼光看待一个问题，当走到了末路之时，学会拐弯，寻找其他的路是最明智的选择。无数事实也都表明：自己刚开始认定的，不一定永远是正确的，一定要学会换个角度考虑问题，重新操作。

惠尔特和普克特大学毕业后，四处寻找工作。但因为机遇不佳，他们换了许多工作，都觉得不适合自己的长远发展。他们感到绝望，甚至想就这样把人生打发了，一辈子庸庸碌碌地度过去就得了。但是，他们所受的教育又不允许他们就这样虚度光阴，无所作为。

实在没有办法，他们两个人经过一番思想上的挣扎后，共同辞去了工作，奔跑于纽约的大街小巷，想找到适合自己长远发展的公司。

但是，这一次，他们更加绝望，因为当时正处在美国经济大萧条时期，许多公司都在裁员，那些有利于他们长远发展的公司也早已经人满为患，又岂能再容他们进去？

生活进入了低谷，他们两个人经过一番慎重的思考后，合伙开创了自己的事业。他们在加州租了房子，开始搞一些小电器的发明，希望通过出售自己的专利技术，打拼自己的事业。但是，整整一年，他们都毫无生活来源，所发明的产品卖根本不出去。他们并没有气馁，而是继续这一事业。第二年，他们经过不断努力，又研制出了一种产品，被一家公司看中，买走了专利权。就这样，他们两个人挖空心思，苦心研制，并试验推销，终于为自己开辟出了一条新的道路。后来，他们的公司成了有关电子组件和电子检测仪器的供应商，这就是今天著名的惠普公司。

方向不当势必牛头马面，选择失误肯定南辕北辙，所以撞了南墙一定要回头。做人要有坚持的毅力，但不要一成不变，过于死板。要以明辨的思维来指导自己选择最适合的路，正如先贤说的那样：选择比努力更重要。

人生变化无常，危机与转机往往只是一线之间。当一条路不好走或预料到一条道路势必会进入死胡同时，清醒的头脑和冷静的态度能够帮助一个人找到人生的突破口，全面地分析形势后，及时悬崖勒马，转换方向，寻找另一条新的出路，从而开创出事业上的一片新天地。

速度制胜，与人拉开差距

古人所说的“欲速则不达”这句话自有它的道理，然而，那些高效率、快行动的人，永远不会在追赶时间中狼狈不堪。

对于年轻人来说，做事拖沓是一个致命的缺点。拖三拉四的人总是有各种理由，他们简直就是天才的借口发明人，自欺欺人还自认无辜。这种人在社会的竞争中往往也处于劣势的地位。浪费时间、效率低下的人，不仅会影响工作的进度，更会影响个人的发展。

有一个成语叫“兵贵神速”，说的就是快速行动的做事策略。你行动的速度超出了别人的想象，就能起到出其不意，攻其不备的作用。

相传当时曹操打败了据有冀、青、幽、并四州的袁绍，杀了袁绍长子袁谭，而袁绍的另外两个儿子袁尚、袁熙逃走了，投奔辽河流域的乌丸族首领蹋顿单于。蹋顿乘机侵扰汉朝边境，破坏边境地区人民的正常生产和生活。曹操有心要去征讨袁尚及蹋顿，但有些官员担心远征之后，荆州的刘表会乘机派刘备来袭击曹操的后方。

郭嘉分析了当时的形势，对曹操说：“您现在威震天下，但乌丸仗着地处边远地区，缺少防备。如果进行突然袭击，一定能消灭他们。而如果延误时机，让袁尚、袁熙喘过气来，重新收集残部，乌丸各族响应，蹋顿有了野心，只怕我们连冀州、青州也会失去了。刘表是个空谈家，知道自己才能不及刘备，不会重用刘备，刘备不受重用，也就不会为刘表出力。所以你只管放心远征乌丸，不必有后顾之忧。”

曹操采纳了郭嘉的建议，于是率领军队出征。到达易县（今属河北）后，郭嘉又对曹操说："用兵贵在神速。现在到千里之外的地方作战，军用物资多，行军速度就慢，如果乌丸人知道我军的情况，就会有所准备。不如留下笨重的军械物资，轻装上阵，以加倍的速度前进，乘敌人没有防备之时发起进攻，那就能大获全胜。"

曹操依郭嘉的计策办，部队快速行军，直达蹋顿单于驻地。乌丸人惊慌失措地应战，一败涂地。蹋顿被杀，而袁尚、袁熙逃往辽东后被太守孙康所杀。

曹操一生的成就正是靠善于做事而取得的。以速度取胜，是十分有效的获胜方法。在这样一个效率制胜的时代，每个人都应该懂得时间就是生命、速度就是效率的道理。任何事情一旦决定了，如果方向没有错就应该马不停蹄地去做，你不需要走一步看一步，你需要的就是完成你的计划，越快越好。

没有什么事情不需要速度。不要以为只有你一个人在做这件事情，你和所有的人都处于同一起跑线上，你稍微一停留，就会被别人甩得很远。不要以为某一个想法是你想出来的就一定属于你，当你高枕无忧的时候，别人早已将想法付诸实践了。

甲和乙同是摄影爱好者。这一天，他们相约来到泰山拍摄日出。

经过一个晚上的攀登，他们都疲惫不堪。甲看了看时间，还有一个多小时太阳就会出来，于是顾不上休息，开始做准备工作。他支好三脚架，放好相机，安上快门线，调好焦距，万事俱备，只欠东风。他仍然不敢大意，眼睛一眨也不眨地盯着前方，静静地等待着日出。

而乙呢，也开始做准备，只是他准备的是，支好简易帐篷，躺在里面睡觉。他想，甲所做的那些准备工作，自己都轻车熟路，几分钟就可以搞定，何必那么着急呢！于是乙决定日出前五分钟再做准备工作。

也许老天是想惩罚那些投机取巧、自以为是的人吧，这次的日出比研究人员测算的时间竟然早了半个小时。由于甲早做好了准备，成功地拍摄到了日出的景色。

乙在“太阳出来了”的呼声中醒了，他想糟了，赶紧从帐篷里跑了出来，可是等他做好准备工作时，太阳已经被乌云遮住了。乙捶胸顿足，悔之晚矣。

行动的速度和办事的效率是保障你抓住机遇的关键，在现实生活中，机遇往往转瞬即逝，你看见了机遇，可是你却东张西望，于是你和机遇失之交臂。机遇只青睐那些一直在准备并且能够马上付诸行动的人。

古人所说的“欲速则不达”这句话自有它的道理，然而，那些高效率、快行动的人，不会受到拖沓恶习的影响，不会把今天的事情放到明天去做，他们永远走在时间的前面，而不做追赶时间的人。

积极思考，发挥你的创意

拥有创新思维，发挥自己的创意，要求我们不要一味地跟在别人的后面跑，要想胜人一筹，就要独辟蹊径、开拓创新。

社会的变化往往会催生出更多的新生事物，其中不乏创新的杰作。对于个人来说，要想成就一番事业，或者哪怕是办好一件小事，积极思考，发挥创新思维的力量可以起到事半功倍的效果。

创新就像一位哲人说的那样：“你只要离开常走的大道，潜入森林，你就肯定会发现前所未有的东西。”创新就像是一个开拓者，给我们指出一条别具一格的解决问题的道路。但在现实生活中，人们考虑问题的时候，常会根据自己以往的经验来判断眼前的事物。在大多数情况下，经验是可贵的，它会帮助我们，使我们对陌生的事物有个大体的认识。但是从另一方面来说，经验在头脑里成了“一定之规”后，对于创新思维常常会起一种妨碍和束缚的作用。它会使人陷在陈旧的思维模式的无形框框中，难以进行新的探索和尝试，因而也就难以产生新的设想。

要想摆脱传统观念和习惯思维的局限，就要鼓励自我打破思维禁锢，突破常规的路线，激活创新的意识，挖掘创新思维的作用。例如古代著名的“田忌赛马”的故事，在己方的实力稍逊一筹的条件下，用自己上等的马匹与对手中等的比，中等的马匹与对手下等的比，取得两场的优势之后，再用自己下等的马匹去应付对手的上等马，最终以总成绩 2∶1 获胜。

面对似乎无处下手的难题，转换思考的角度，找到一种巧妙地解决问题的方法，这就是创新思考的过程。有个地球人都知道而且演绎了无数版本的小故事，说是一种名牌牙膏的销售进入了一个瓶颈地带，于是总裁高额悬赏，希望大家献计献策。最后是一个小工人出了个好主意：把牙膏的开口扩大一毫米，如果广大消费者每天依然按习惯的长度挤牙膏，加在一起，就是一个了不起的量。小工人得奖，当之无愧。

创新思维对于解决问题的作用是切切实实、显而易见的。特别是对于那些没有更多的金钱资本、人脉资本的人来说，创新思维更是一种极为可贵的资源，帮助你由平凡走向成功。

1973 年，年仅 15 岁的格林纳达收到了别人送给他的圣诞节礼物，一双冰鞋。他非常高兴，因为他一直渴望有滑冰的机会。

拿到这件礼物后，格林纳达马上就跑出屋子，到离家很近的结了冰的小河上去溜冰。可能是他初次出来，他感觉天气太冷了，一溜冰，耳朵被风吹得像刀子割了似的。他戴上了“两片瓦”式的皮帽子，把头和腮帮捂得严严实实的，一玩起来又热得满头是汗。

格林纳达想，为什么大家设计的为耳朵保暖的东西，都是个帽子呢？这样不利于运动。既然耳朵容易感觉冷，那就应该做一件能专门捂得住两边耳朵的东西。

回到家后，他细心研究，在纸上勾画着。他终于琢磨出一个大概的样子，请妈妈照他的意思做。他妈妈摆弄了好半天，缝出了一双棉的耳罩。格林纳达戴上它去溜冰，果然挺管用。一些朋友见到了，也向格林纳达要。格林纳达和妈妈商量后，去把祖母也叫来，一起做耳罩。经过几次修改，耳罩做得更适合，也更好看了。小格林纳达把它取名为“绿林好汉式耳套”，并且向美国专利局申请了专利。

一双耳套能值多少钱？申请专利又有什么用？

答案是：小格林纳达后来成了世界耳套生产厂家的总首领，因为这项专利，他成为了百万富翁。

就是这样的一个想法，一个与众不同的思维方式，使得小格林纳达尝到了创新的甘甜。金钱的积累也在短时间内迅速飙升，他的命运也因为这样一个独特的创新性思维带来的收获而改变。仔细分析，格林纳达的成功有两个关键之处，一是别人戴帽子或不戴帽子已形成了习惯，不再去想怎样能保护耳朵，而他却专门做了个耳套。二是做了耳套后，他为之命名并且申请专利。换句话说，他懂得开发自己的创新思维，从小处着眼，向大处推广，把自己的创新产品实现销售。

从上面的故事，我们不难看出，创新思维直接表现在人们日常生活中所说的创意上，创意的起源常常是有心人的灵机一动，不需要经过严谨的学术训练和精密的理论论证。对于创意，任何一个人都可以与之亲密接触，只要勤于观察，善于思考，大胆创新，就有可能出奇制胜，获得可观的效益。

拥有创新思维，发挥自己的创意，要求我们不要一味地跟在别人的后面跑，要想胜人一筹，就要独辟蹊径、开拓创新。

减肥是令许多人望而却步的难事，是许多胖子们的大难题。市场上的减肥中心、减肥药物等种类繁多，竞争已到了白热化的程度，大家的利润也因此降到很低。这也使得减肥者感到茫然，不知道该选择哪一家好。但有一家减肥中心因为一个创新的减肥绝招，使得自己门庭若市。

一天，一位胖男人慕名而来，他已有过多次失败的经历了。他抱着最后一试的态度问教练，他该怎么办？

教练记下了他的地址，然后告诉他：回家等候通知，明天会有人告诉你怎么做。

第二天一早，门铃响了，一位漂亮、性感的青春女郎站在门口，对胖子说：教练吩咐，你要能追上我，我就是你的。胖子大喜，从此每天早上都在女郎的后边狂追。如此数月下来，胖子已逐渐身手矫健起来，他早就忘了这是减肥，只想着一定要把那姑娘追到手。

直到有一天，胖子心想：今天我一定能追到她了。他早早起来在门口等着，那位姑娘没来，来的是一位同他以前一样胖的女士。

胖女士对他说："教练吩咐，我要是能追到你，你就是我的。"

诚然，这个故事包含着一定的喜剧色彩，但在我们笑过的同时，也不免为这位教练的机智和创新性思维感到眼前一亮。正是这种新鲜、与众不同的方法，使得这家减肥中心的生意日渐火爆，也使得人们对创新的效果理解更深。

大富豪洛克菲勒有句名言："如果你想成功，你应辟出新路，而不要沿着过去成功的老路走……即使你们把我身上的衣服剥得精光，一个子儿也不剩，然后把我扔在撒哈拉沙漠的中心地带，但只要有两个条件——给我一点时间，并且让一支商队从我身边经过，那要不了多久，我就会成为一个新的亿万富翁。"

敢于说出这样的话的人，肯定充满了豪情壮志，让人不禁动容，这种坚定的信念和敢于创新的精神无疑是做事成功的一个根本素质。

现实生活中的每个人都具有创新思维。在平时的生活中多留心观察，开动自己的大脑，抓住一闪而过的灵感，拥有创意，并敢于行动的人，多半会成为成功者。而那些大脑呆板，思维僵化的人，没有创新思维的助力，他们的成功之路必然会九曲百折。懂得换个角度积极思考，也许在某一时刻，一个小小的创意就能让你一飞冲天。

CHAPTER7

第七章

做人不计小，做事不贪大

做人不计小，是一种淡然的生活态度，是成熟的人应该拥有的处世心境。在这个世界上，做人的真理永远都是朴素的，就好像太阳每天从东边升起一样；就像春天要播种，秋天要收获一样。当自身的浮躁被扎实所代替，冲动为冷静所折服时，我们就会懂得不去计较小的失败，甘愿吃点小亏，不为一点点的小事而烦恼。在历练宽广的胸襟中，我们踏踏实实地走向成熟，由成熟跨向成功。

做事不贪大，是一切从实际出发，从大处着手、从小事做起的人生态度。万丈高楼平地起，夯实地基为第一；参天大树搏风雨，扎实根基为第一；谷子低头笑茅草，丰盈子实为第一；有志之士建功业，充实自己为第一。脚踏实地地对待每件小事，扎扎实实地做好每件小事，每个人都会有所作为。

做人不要太计较

一个人快乐，不是因为他拥有很多，而是因为他计较很少。

深谙做人之道的人都拥有这样的智慧：大事不糊涂，小事不计较。何谓大事，何谓小事，也许我们还不难分辨清楚。然而，要真正做到大事不糊涂容易，而做到小事不计较却是比较难的。

有位李小姐，大学毕业后初入社会，找到了一个不错的工作，这份工作她很喜欢，兼具挑战性和稳定性，长远看来也挺有发展的潜力。她十分庆幸自己的好运，和同事混熟后，更觉得工作环境和人际关系都很不错。

一天，她和同事在聊天时，一位比她晚进公司的同事问她月薪多少，两人相比较之下，她发现自己比同事的月薪少了几十元。“那个同事比我晚进公司，工作能力又没我强，月薪竟然比我高！真是太过分了！”她生气地说。因为月薪的事她耿耿于怀，上班也失去了原有的快乐心情。她有种被打败的感觉，就连原来因为尽全力实现目标时所带来的成就感和踏实感也弃之不顾。那几十元夺走了她内心的平静和快乐。

处于竞争的社会中，不管是人或事，总要分出优劣，排出档次。比较是最简单、最常用的方法。比较，本身并没有错误，对于个人来说，比较得出的结果可以让人了解自己与别人的差距，从而更好地审视自己、提高自己。若是一味地纠缠在这种差距中，产生嫉妒、抱怨和愤愤不平的情绪，伤害的只会是自己。

做人不要斤斤计较，只有把心放宽，才能够容忍差别的存在。人无完人，每个人或多或少都会存在一些缺点和不足，你要做的不是拿自己的劣处去和别人的长处比较,而是取人之长,补己之短。计较会蒙蔽人的双眼,污染人的心灵,那么为什么不大度一点呢?在遇到事情的时候,多想想自己的不足,不要一味地膨胀心里的不平衡感,或是对某人某事厌烦。当然也要多想想自己的优点,给自己鼓励,大胆地去争取应该属于自己的东西。保持一种好的心态,生活才会越来越美妙。

从前有一只灰毛虫,这只灰毛虫长大后巧遇了一只漂亮的黄毛虫,他们在一起过了一段很幸福的日子。直到有一天,灰毛虫看到一大群毛毛虫在排着队向一根柱子的顶端爬。它对现状开始产生不满,觉得日子过得乏味无聊,于是执意要加入毛毛虫的行列。在好奇心与好胜心的驱使下,它不顾一切地随着大家往柱子上爬,甚至踩着它最好的朋友黄毛虫的头爬过。毛毛虫们都不知道最顶端是什么,只是一味地推挤,排除眼前的阻碍自己往上爬。最后,灰毛虫历尽千辛万苦总算到达了顶端,放眼望去,才发现原来周围就是一根根树的躯干。它终于明白自己什么也没得到,还平白无故地失去了最心爱的朋友。当它回头寻找黄毛虫时,它惊讶地看到黄毛虫早就变成了一只美丽的蝴蝶。于是它明白了,原来它不需要去追求什么,所有最美好的特质就在它体内,它的潜力,是成为一只美丽的蝴蝶!

俗话说:“人比人得死,货比货得扔。”怎样的生活才算是幸福呢?人的欲望是无限的,不断与人比较就永远不会有满足的一天。不断地去攀登,锲而不舍地追求,到头来,追求到的真的是幸福吗?正如故事中所说的,很多人看到别人忙忙碌碌向前赶,他也跟着向前赶,也不知道前方究竟是什么,总以为大家都在追求的就是最好的!还有些人,原本自己已经拥有了快乐的生活,却总是不知足、不满足,不断和别人比较,拼命竞争、拼搏,生怕自己一不留神就被别人超过。这种终日计较自己“拥有的够不够多、够不够好”的人,忽视了自己内心最真切需要的那份恬淡和快乐,只会让日子越过越累。

与人计较,表面上你胜利了,获得了一时之快,但是,你有没有看到,那些懂得包容的人所获得的精神和心灵上的双重愉悦？与同事计较，你在功名上胜过了同事，是自己努力得到的还好，若是通过一些小手段获得的，你失去的是为人的声誉和尊严。与朋友计较，或许你会暂时得到一些蝇头小利，但却失去了一份友谊；与家人计较，可能会因为一些鸡毛蒜皮的小事而失去亲情……

拥有海纳百川的胸怀的人，少比较、少计较、多感恩，他们的人生也因此轻松许多，快乐许多。

做人不要小心胸

在我们方便的时候，做一些力所能及的小事，不会妨碍到我们什么，却可以帮助其他人找到通往目的地的路。这条路，说不定哪天，我们自己也要走过。

不知道你有没有过这样的体验，在求学时，当别人问你一道数学题的时候，你在懵懵懂懂的情况下给他讲明白了，同时自己也真正明白了，并且对此类题型印象深刻，以后便成为了自己拿手的题目。我们在帮助别人时，也帮助了自己。做人要有开阔的心胸，不要因为小心眼儿而太过计较。

然而，生活中不乏狭隘、自私的人，他们只扫自家门前雪，不管别人瓦上霜。甚至潜意识里不希望别人的处境比自己好，仿佛别人的幸福会抵消自己的快乐。总希望自己时时处处都比别人强，都比别人更富有、更幸福、更快乐。有时还会干出一些损人利己的事，愚蠢地以为只有压制别人，才能抬高自己。

但是我们忽略了一个基本事实，那就是：生活在同一个圈子里，别人的好坏与我们休戚相关。别人的不幸不仅不能给我们带来快乐，相反，在帮助别人的时候，我们自己往往也会受益。

一个人到天堂和地狱参观，他发现一个奇怪的现象：天堂和地狱里的人都坐在同样的桌边，用着同样的餐具，吃着相同的饭菜，但是，天堂里的人满面红光，精神愉快；而地狱里的人却面容憔悴，精神萎靡。

这是什么原因呢？后来，这个人无意中发现，天堂和地狱里的人用来吃饭的餐具都是两米长的勺子：地狱里的人用勺子盛了丰盛的饭菜给自己吃，但是，由于勺子柄太长，怎么也吃不到勺子里的饭菜；而天堂里的人呢？他们舀起饭菜不是给自己吃，而是给别人吃，这样，每个人都乐于把自己勺子里的饭菜给别人吃，每个人都吃得红光满面。

原来，天堂和地狱的区别就在于人与人之间是不是合作。天堂里的人个个懂得为他人着想，生活过得非常美好；而地狱里的人，个个非常自私，只想到自己，结果过得非常凄惨。

只是喂自己和喂别人的差别，就会导致两种大相径庭的结果，生活中没有人可以不依靠别人而独立生活，这本就是一个需要互相扶持的社会，先主动伸出友谊之手，你会发现原来四周有这么多的朋友，你并不孤单。因此，当别人需要帮助时，我们不妨伸出援手，微笑着对他说："请让我来帮你！"

在我们方便的时候，做一些力所能及的小事，不会妨碍到我们什么，却可以帮助其他人找到通往目的地的路。这条路，说不定哪天，我们自己也要走过。

在茫茫沙漠的两边，有两个村庄。从一个村庄到达另一个村庄，如果绕过沙漠得走上二十多天；如果横穿沙漠，只需三天便能抵达。但横穿沙漠是非常危险的。

后来，一位智者让村里人买来几万棵胡杨树苗，每300米栽一棵，一直栽到了沙漠对面的那个村庄。智者告诉大家，如果胡杨树有幸成活了，大家就可以以树为路标；如果胡杨树不能成活，那么每个行者经过时，就将枯树拔一拔，插一插，以免被流沙淹没。

然而，胡杨树栽上不久就全都被烈日烤枯了，枯树成了路标。大家照智者的话去做，沿着路标走了很多年。

一天，村里来了一个僧人，他要去对面的村庄化缘。村民告诉他，路上遇到要倒的路标，一定要向下插好，遇到快要淹没的路标一定要拔起插好。

僧人走了一天一夜，走得两腿发软，浑身乏力，遇到一些快要埋没的路标，他也懒得动手去拔一拔。他想，反正自己就走这一次，管它那么多呢。

僧人走到沙漠深处的时候，静谧的沙漠突然狂风大作，飞沙漫天，许多路标都被淹没了、卷走了。风沙过后，他再也走不出沙漠了。在奄奄一息时，僧人十分懊悔，如果当初按村民的吩咐做，即使没有了进路，却还有一条退路啊！

俗话说，"帮助别人往上爬的人，自己会爬得最高。"为他人着想，自己也会从中受益。当我们把别人脚下的绊脚石搬开时，或许正好给自己铺平了道路。故事中的僧人为了省点力气，不听村民的劝告，最终害死了自己。事情虽小，教训却大。

帮助别人就是帮助我们自己，人是群居动物，人与人之间有着千丝万缕的联系，谁都不可能孤立地生活。爱出者爱返，福往者福来。帮助他人，人的内心才会有满足感。一个自私的人，往往没有真诚的朋友。友好地对待周围的人和事，即使是很小的一件事，我们也要做好、做到位，如果在做事的同时顺便帮助了别人，那更是一件值得高兴的事！

做人不计吃小亏

生活中如果肯吃点小亏，忍让他人，不仅可以化解尴尬为难的困境，也能够树立起自己的威信。肯适当地牺牲自己的利益帮助别人的人，别人也会愿意帮助你。

俗话说“吃亏是福”。可是，现实生活中却没有几个人愿意吃亏，有一点点损害自己利益的事情发生就大呼小叫、愤愤不平。试想，这样斤斤计较的人怎么能得到上司的赏识呢？怎么能和同事、朋友相处愉快呢？

有些初涉职场的大学毕业生，他们觉得自己学历高，是人才，所谓初生牛犊不怕虎，在职场上横冲直撞，吃不得一点亏，这样势必会得罪不少人。人际关系搞不好，自己也会很苦恼，谁不希望得到别人的认同，被别人喜欢呢？

阿军刚进公司的时候，认为自己是大学毕业生，身份自然不同，所以在报到的那天也没有和前台接待小姐打招呼。在以后的工作过程中，他也很少用到“谢谢”等礼貌用语。渐渐地，他发现在工作中，同事们并不怎么认可他的能力，关系也很冷淡。

后来，他开始试着改善自己的言行，在工作过程中多用些对别人表示敬意的礼貌用语，而且常常主动帮人做事，多做事，这帮助他走出了人际关系的困境。他深有体会地说：“多用些礼貌用语，平时多付出些，看似吃亏了，但相比下来，却是因祸得‘福’啊。”

告别了单纯的校园生活，进入到社会的大熔炉中，越能适应形势变化的人，生存能力就越强。这里所说的“适应”包括受点“委屈”，多“吃点亏”这样的做人哲学。

其实，一个新人刚到一家公司时，老板通常不会也不敢将重要的工作交给他来完成。那么，如何让老板对你的工作能力产生信心呢？据有经验的"过来人"介绍说："这完全体现在刚开始工作时所干的那些'杂活'里。虽然不起眼，也不是很重要的工作，但仍然努力完成工作，这其实就是在给你自己加分。"如此看来，老板一开始安排的工作的确是"小儿科"，但作为有能力的人吃这点亏，也是将来"享福"的基础。

不仅职场如此，生活中如果肯吃点小亏，忍让他人，不仅可以化解尴尬为难的困境，也能够树立起自己的威信，肯适当牺牲自己的利益帮助别人的人，别人也会愿意帮助你。

刺猬是一种很奇特的小动物，它们不伤害别人，也不怕任何可怕地动物的伤害。因为他们的背上长着密密麻麻的刺，狮子或老虎来了，它们就迅速地缩成一团，竖起尖尖的刺，狮子或老虎无从下口，只好垂头丧气地溜走了……

到了冬天，小刺猬喜欢一大群挤在一起相互取暖，可是严冬过去之后，大家却发现自己遍体鳞伤，没有一只例外，这让它们很沮丧。

其中有一只小刺猬大概比其他的聪明些，在又一年冬天即将来临前，它决定先去向它认为更聪明的猫头鹰爷爷请教一下。为什么呢？因为猫头鹰爷爷老是睁一只眼闭一只眼，好像总在思考问题，那它一定是很有学问的啦！

"猫头鹰爷爷，您好！为什么我们小刺猬过冬之后总是遍体鳞伤呢？"

"好孩子，你得先告诉我，你们是怎么受伤的啊。"

"天冷了，我们喜欢一大群挤在一起，相互取暖。但等暖和后一分开，就发现我们都受伤了。"

"噢！我想想……"

"有了！"猫头鹰爷爷沉思半天后突然大叫一声，"你们一定都竖着刺吧?”

“是啊……”

小刺猬望着猫头鹰爷爷,觉得这个问题很奇怪。

“你们都竖着刺,又要一大群挤在一起,当然就会互相扎伤了啊。”

“其实啊,如果你们都把刺收起来,不就不会扎伤了吗?”

“那可不成!如果我把刺收起来,其他刺猬都扎我,那我不就吃亏了吗?”

“好孩子!我相信你是一只聪明的小刺猬。如果你肯吃点小亏,先把刺收起来,一定会换来大家的安宁。”

“相信我!没错的……”

小刺猬将信将疑地回到了族群里。在大家聚到一起的时候,它听从了猫头鹰爷爷的劝告,首先收起了尖利的刺,也很快就被扎了两下。正当它准备奋起反击的时候,忽然想起了猫头鹰爷爷的话,便强压怒火,更紧地蜷缩身体。

很快地,周围的两三只小刺猬发现了它的“异状”,既然没有了被它扎的危险,便也学着收起了刺。就这样,慢慢地,所有的小刺猬都收紧了尖刺,挤在一起度过了一个温暖的冬天……

春天来啦!他们欣喜地发现,除了第一只小刺猬,其他所有的小刺猬都没有受伤!小刺猬们高兴极了,它们便推举聪明的小刺猬做首领。后来,它们采集了很多鲜果送给猫头鹰爷爷。

猫头鹰爷爷满意地收下了礼物,还闭着一只眼睛,语重心长地说了句:“记着,吃亏是福啊!”

多忍让、多付出的人,用一颗坦诚的心与人交往,必然会得到相同的回报。

吃亏是一种胸怀,一种品质,一种风采。不懂吃亏,就不能完美地领悟人生;不懂吃亏,就不会有事业的壮丽辉煌。只有吃亏,会像无价的珍宝在每个人心底深深珍藏。做人不计较吃小亏，不仅能开阔自己的胸怀，而且能为以后成大事打下坚实的基础。

做人不为小事扰

一个人总是因为小事而使情绪波动，他的生命也会变得短促。

生活在现今社会中的人，需要面对的事情繁多，由此带来的烦恼也会接连不断。很多时候，只是一件不起眼的小事，就会影响一个人一天的心情。不安和多变，是形容现代人的生活最贴切的词语。然而，我们的心情却不能因为鸡毛蒜皮的小事就产生波动，生活能为人担保的东西很少，只有调整好心态，控制好情绪，才能拥有如意的人生。

从前，有位禅师非常喜爱兰花，在平日弘法讲经之余，花了许多时间种兰花。一次，他要外出云游，临行前交代弟子：要好好照顾兰花。禅师走后，弟子们细心护理着兰花，但有一天，在浇水时还是不小心将兰花架碰倒，兰花盆跌碎了。弟子们非常恐慌，打算等师傅回来后，向师傅赔罪领罚。禅师回来听闻此事，他不但没有责怪他们，反而说："我种兰花，一是用来供佛，二是为了美化寺里的环境，不是为了生气而种兰花的。"

禅师的心境非一般人能比，很多有能力的人在社会的竞争中扮演着强者的角色，他们勇敢地面对生活中那些大的危机，却总是为小事忧心忡忡，常常被小事搞得垂头丧气。

罗勃·摩尔曾讲述过自己的一段最富戏剧性的经历：

1945 年 3 月，我在中南半岛附近 276 英尺（1 英尺 = 0.3048 米）深的海下，学到了一生中最重要的一课。当时，我正在一艘潜水艇上。我们从雷达上发现一艘驱逐护航舰、一艘油轮和一艘布雷舰朝我们这边开来,我们发射了3枚鱼雷,都没有击中。突然,那艘布雷舰直朝我们开来(一架日本飞机把我们的位置用无线电通知了它),我们潜到150英尺深的地方,以免被它侦察到,同时做好应付深水炸弹的准备,还关闭了整个冷却系统和所有的发电机器。

3分钟后,天崩地裂。6枚深水炸弹在四周炸开,把我们直压海底——276英尺的地方。深水炸弹不停地投下,整整15个小时,有十几二十个就在离我们50英尺左右的地方爆炸——若深水炸弹距离潜水艇不到17英尺的话,潜艇就会炸出一个洞来。当时,我们奉命静躺在自己的床上,保持镇定。我吓得无法呼吸,不停地对自己说:这下死定了……潜水艇的温度几乎有摄氏四十多度,可我却怕得全身发冷,一阵阵冒冷汗。15个小时后,攻击停止了。显然那艘布雷舰用光了所有的炸弹后开走了。这15个小时,在我感觉好像有1500万年。我过去的生活一一在眼前出现,我记起了做过的所有的坏事和曾经担心过的一些很无聊的小事。

"我曾担忧过:没有钱买自己的房子,没有钱买车,没有钱给妻子买好看衣服。下班回家,常常和妻子为一点芝麻小事吵架。我还为我额头上一个小疤——一次车祸留下的伤痕而发过愁。"

"多年之前,那些令人发愁的事,在深水炸弹威胁生命时,显得那么荒谬、渺小。我对自己发誓,如果我还有机会再看到太阳和星星的话,我永远不会再忧愁了,不再为小事心烦和生气。在这15个小时里,我从生活中学到的比我在大学念4年书学到的还要多得多。"

哲人说,为小事而生气是最不明智的,一个人总是因为小事而使情绪波动,那他的生命也会变得短促。法国作家莫鲁瓦作过下面的解释:这句话可以帮助我们忘却许多不愉快的经历。我们常常为一些不令人注意、因而也是应当迅速忘掉的微不足道的小事所干扰而失去理智。我们生活在这个世界上只有几十个年头,然而我们却为纠缠无聊琐事而白白浪费了许多宝贵的时光。试问时过境迁，有谁还会对这些琐事感兴趣呢？不，我们不能这样生活。我们应当把我们的生命贡献给有价值的事业和崇高的感情，只有这种事业和感情才会为后人一代代继承下去。要知道，为小事而生气的人生命是短促的。

当生活中出现烦心的小事时，我们千万别上当，那些小事是想把我们绑住，耗损我们的心力，以至于无法专注其他更重要的事情。

心理学家说，“小事”如果发生在夫妻生活里，还会造成“世界上半数的伤心事”。芝加哥的约瑟夫·沙巴士法官，在仲裁过4万多件不愉快的婚姻案件之后说道：“婚姻生活之所以不美满，最基本的原因往往都是一些小事。”

吉布尔和他舅舅打了维尔蒙有史以来最有名的一场官司。吉布尔娶了一个维尔蒙的女子，在布拉陀布造了一幢漂亮的房子，准备在那儿安度余生。他的舅舅比提·巴里斯特成了他最好的朋友。他们一起工作，一起游戏。

后来，吉布尔从巴里斯特那里买了一点地，事先商量好巴里斯特可以每季度在那块地上割草。一天，巴里斯特发现吉布尔在那片草地上开出了一个花园，他生起气来，暴跳如雷。吉布尔也反唇相讥，弄得维尔蒙绿山上乌云笼罩。

几天后，吉布尔骑自行车出去玩时，被巴里斯特的马车撞在地上。这位曾经写过“众人皆醉，你应独醒”的名人也昏了头，告了官。巴里斯特被抓了起来。接下去是一场很热闹的官司，结果使吉布尔携妻永远离开了美国的家。而这一切，只不过是为了件很小的事——一车干草。

被一件小事羁绊情绪，由此钻进牛角尖的人，不能用旁观者的心冷静地看待事情，只会让自己身心俱疲。

聪明的人都理解这点：情绪是私有的，环境是公有的。情绪不好时就找个好环境，反之亦然。心理学家告诫人们，如果要想克服一些小事引起的烦恼，只要把看法和重点转移一下就可以了——让你有一个新的、开心点的看法。作家荷马·克罗伊说："过去我在写作的时候，常常被纽约公寓照明灯的响声吵得快要发疯了。后来，有一次我和几个朋友出去露营，当我听到木柴烧得很旺时的响声时，突然想到：这些声音和照明灯的响声一样，为什么我会喜欢这个声音而讨厌那个声音呢？回来后我告诫自己：火堆里木头的爆裂声很好听，照明灯的声音也差不多。我完全可以蒙头大睡，不去理会这些噪音。结果，头几天我还会注意它的声音，可不久我就完全忘记了它。"

处于竞争激烈的社会中，会遇到许多令我们心境不宁的事。在家中，在单位，甚至走在大街上，你都有可能遇到烦心的事。当生活不如意时，我们不妨试着拉高视野，向下望一望，就会觉那些小事都很好笑！有时候并不是事情有多么重要，而是我们过于在意罢了。

做人重视小积累

人们总是看不到眼前的希望，却一味地追求未来的梦想。

一举成功、一鸣惊人在现代社会虽屡见不鲜，但那并不是普通人成功的轨迹。一个人志向大、目标高是好事，但如果脱离了踏实肯干的态度和逐步积累的步骤，往往只会收获徒劳。

在英国最古老的建筑物威斯敏斯特教堂旁边，矗立着一块墓碑，上面刻着一段非常著名的话：当我年轻的时候，我梦想改变这个世界；当我成熟以后，我发现我不能够改变这个世界，我将目光缩短了些，决定只改变我的国家；当我进入暮年以后，我发现我不能够改变我们的国家，我最后的愿望仅仅是改变一下我的家庭，但是，这也不可能。当我现在躺在床上，行将就木时，我突然意识到：如果一开始我仅仅去改变我自己，然后，我可能改变我的家庭；在家人的帮助和鼓励下，我可能可以为国家做一些事情；然后，谁知道呢？我甚至可能改变这个世界。

“不积跬步，无以至千里，不积小流，无以成江海。”每一个看似伟大的成功，都是用一个个坚实的脚印走出来的。任何人的成功都是由小事做起的，一件小事看起来不起眼，却是你成功之路的开端。

河村瑞贤是日本明治时代著名的船舶大王，说到他的成功经历，也许会让我们受益良多。

河村瑞贤在年轻时有好长一段日子在家赋闲，他不断地在想怎样才能摆脱现在的局面，做出一番事业来。有一天，他想到，与其这样苦苦等待成功机遇的来临，不如切实地做点事情，哪怕事情再小，也比整日无所事事要好。

于是，他拿出自己所剩不多的积蓄，付给一些乞丐让他们去菜市场上拾人家丢掉的菜叶，然后他把这些菜叶卖给那些贫穷的劳工们。当他开始做这个生意时，很多人嘲笑他是不是想发财想疯了，他们认为要赚就赚大钱，这些令人看不起的小钱根本不值得耗费精力，甚至他的一些朋友还因此拒绝和他来往了。而河村瑞贤并不在乎别人的眼光，他认真地干了起来，他认为这些别人看不起的活儿如果干好了，一定可以帮自己实现梦想。

正是凭借这种细致认真、从小事做起的精神，河村瑞贤不断积累着事业的基础。过了几年，河村瑞贤开始用自己的积蓄投资船舶业，并逐渐成为著名的船舶大王。

河村瑞贤的故事告诉我们，一个人不能够从一开始就奢望去做一些我们不能完成的事情。路是一步一步走出来的，饭是一口一口吃下去的，人生存的规律如此，我们没有办法去改变。把人生的目标缩小，逐一去完成，才有可能永久保有激情与活力。

汉姆患有严重的恐高症，可是他却在 1983 年徒手攀登上了位于纽约的帝国大厦，并创造了徒手攀登人工建筑物的吉尼斯世界纪录，赢得了“蜘蛛侠”的称号。

美国恐高症康复联合会主席诺曼对此感到大为惊讶，一个连站在一楼阳台上都会心跳加速的人，竟然能徒手攀登上四百多米高的大楼，这真是一个令人难以相信的事实，他决定亲自去拜访汉姆，想向他请教一下他能登上帝国大厦的秘诀。

诺曼来到汉姆家门口时，这里正在举行一个庆祝会。十几名记者正围着一个老太太进行采访。原来汉姆97岁的老祖母听说他创造了一项吉尼斯世界纪录，特地从100公里外的老家赶来，而且这位老人居然是徒步走来的，她想以这个行动来为汉姆祝贺，谁知老人在无意之间又创造了一项耄耋老人徒步行走的吉尼斯世界纪录。

《纽约时报》的一位记者向老人提问：“老人家，当你决定徒步前来的时候，是否想过这一百多公里的路途对你的体力会是个很大的考验呢？”

“小伙子，”老人笑了笑，接着说道，“当你打算一口气跑100公里的时候，确实是需要勇气的，但是走100米是不需要勇气的，只要你走100米，接着再走100米，然后再100米，100公里就这样走完了。”

诺曼站在一旁，听到老人的这番话，顿时明白了汉姆攀登上帝国大厦的秘诀。

在现实中，很多人在实现梦想的路途上半途而废，原因并不是这个梦想你完成不了，而是梦想太大，大到把自己吓倒，让自己感觉成功太遥远，从而产生了放弃的念头。如果能够把梦想分解成一件一件的小事，一点一点地去做，你会发现奇迹就这样出现了。

不要想一口就吃个胖子，凡事都有个过程，不要去试图一下子就做好一件大事或是一夜之间功成名就，做人只有脚踏实地、一步一个脚印，才能拥有属于自己的成就。

做大事先成小事

什么是不简单，把每件简单的事情做好就是不简单。什么是不平凡，把每件平凡的事情做好就是不平凡。

列宁说："要成就一件大事，必须从小事做起。"现在很多年轻人，刚刚步入社会就想着做大事，成就一番大事业，总觉得自己与众不同，很多小事不值得自己去做。这种眼高手低的心态就像我国古代流传的一个故事一样：

东汉的时候，有一个叫陈蕃的小孩，他独居一室日夜苦读，想干出一番大事业来。

有一天，他父亲的朋友薛勤到家里来拜访，看到屋子里纸屑满地，满目疮痍，便问他："你为什么不打扫屋子来接待客人啊？"陈蕃回答道："大丈夫处世，当扫除天下，安事一室乎？"薛勤当即反驳道："一屋不扫，何以扫天下？"

我们身边有很多像"陈蕃"一样的人，总以为自己是做大事的人，要不拘小节，不用去在乎一些小事，殊不知，再大的事情也是由一件件小事串联起来的。

"不积跬步，无以至千里；不积小流，无以成江海。"一个连屋子都不愿打扫的人，当他着手办一件大事时，也必然会忽视最基本的环节和步骤，因为这对于他来说也不过是像打扫屋子一样。如果把一生的事业比作一座百层高楼，那么那些钢筋水泥和砖瓦就是事业中的一些小事，若你连一块砖、一片瓦都不能砌好或是不屑去做这种事，那么你的高楼又怎能盖得起来呢？

在社会中，大多数人都做着很平凡的工作，那种大事做不了，又不肯为小事付出心力的人，是失败的人。其实，不管是个人，还是企业，成功都是源自平凡工作的积累。企业需要的是能够在平凡中求成长的人，能够认真对待每件事，把平凡的工作做到最好的人。

一天，克劳斯特·宾到德国科利银行去面试。

总经理问："先生，你能从工作的实际经验出发，给我描述一下公司的未来吗？"

克劳斯特·宾回答说："先生，我认为公司的发展应当是秩序化的管理，而不是什么关于未来的夸夸其谈。"总经理问："为什么这样说呢？""因为我到您这里的时候，已经看到了公司的现状了。"

这时，外面突然传来警车鸣笛的声音，但克劳斯特·宾似乎什么也没有听见，仍在认真地阐述自己的观点……经理说："你是到本公司面试的第一百零九人，其他一百零八个人与你的观点相近。"

总经理的话意味着什么，明眼人一听就知道了。克劳斯特·宾心里感到很难受，真是"乘兴而来，败兴而归"，能高兴得起来吗？不过，他还是很有礼貌地起身告辞。他走到门口的时候，突然发现有一枚钉子掉在那儿，他没有多想什么，习惯性地把钉子捡了起来装在自己的口袋里，慢慢地向外走去……

这时，总经理突然在后面喊道："先生，我能继续和您谈谈吗？"

克劳斯特·宾非常惊讶，礼貌地问："先生，我不是没有希望了吗？"

总经理笑着说："先生，在面试的一百零九人中，不是只有你一个人是那样回答问题的。但这不重要，重要的是你刚才捡钉子的动作，实在让我震惊。要知道，有多少面试的人都踢开了这颗钉子，唯有你看到了这颗钉子的存在，这证明你非常务实，我决定录用你！"

事实证明，克劳斯特·宾到了公司之后，脚踏实地，做出了卓越的成绩，最终成为了公司的总裁。

不要小看任何一项工作，没有人可以一步登天。当你认真对待每件事，你会发现自己的人生越来越宽广，成功的机遇也越来越多。

荀子说："骐骥一跃，不能十步；驽马十驾，功在不舍；锲而舍之，朽木不折；锲而不舍，金石可镂。" 这是一种做事兼做人的态度，也是一种成功的策略。在我们的实际工作中，没有一件小事会小到不值得去做，如果你轻视小事，那么，随之一同被忽略的，肯定还有你的责任心。每项伟大的事业，都是由无数件小事组成的。能够在小事上一丝不苟的人，才能有条不紊地成就一桩大事。

在你的身边，想做大事的人很多，但愿意把小事做细的人却很少，这也正对应了成功者也是极少数，认真地对待每件小事，认真地做好每件小事，你将会有意想不到的收获。大的成功，是每次小成功的积累，一颗芽可以振奋一片荒原，一点希望可以成就一番事业。其实，成功只需要我们脚踏实地、扎扎实实地做好身边的每件小事。

小事情，大效应

祸患常积于忽微，智勇多困于所溺。

人们经常说，"千里之堤，溃于蚁穴。"蚂蚁虽小，却能毁掉千里的长堤。同样，一只蝴蝶偶尔扇动几下翅膀，也能引起一场龙卷风，小事情由此就产生了大效应。

气象学家洛伦兹阐释他研究的蝴蝶效应时说：一只南美洲亚马逊河流域热带雨林中的蝴蝶，偶尔扇动几下翅膀，可能在两周后会引起美国得克萨斯州的一场龙卷风。其原因在于：蝴蝶翅膀的运动，导致其身边的空气系统发生变化，并引起了微弱气流的产生，而微弱气流的产生又会引起它四周空气或其他系统产生相应的变化，由此引起连锁反应，最终导致其他系统的极大变化。

这就是小事不小的最好阐释。其实，任何一件所谓的小事，如果我们把它放到全局中看，都不再是一件小事。生活中，虽然我们不能制造龙卷风，也不会去毁掉长堤，但是有时候，一些小事，却可以决定事情的成败。

在英国民间流传着这样一首歌谣：

缺了一枚铁钉，掉了一只马掌；掉了一只马掌，失去一匹战马；失去一匹战马，损了一位骑兵；损了一位骑兵，丢了一次战斗；丢了一次战斗，输掉一场战役；输掉一场战役，毁了一个王朝。

这首歌谣说的是战场上的一个真实事件：

那是在 1485 年，当时的英国国王到波斯沃斯征讨与自己争夺王位的里奇蒙德伯爵。决战马上就要开始了，战斗双方剑拔弩张。他们都知道胜败将在此一举，他们当中总有一方要戴上大英帝国的王冠，而另一方则只能沦为阶下囚。

决战开始的前一天，国王责令全军将士都要严整军容，并且要把所有的战斗工具都调整到最好的状态，比如，确保足够的盾牌和长矛数量，使自己的钢刀更加锋利以及使自己的战马更加勇猛等。一位叫做杰克的毛头小伙子在这场战役中担任国王的御用马夫。他牵着国王最钟爱的战马来到了铁匠铺里，要求铁匠为这匹屡建奇功的战马钉上马掌。

钉马掌只是一件小活儿，却因最近战事频繁，铁匠铺的生意都好得不得了，所以铁匠对这个年轻的马夫有些怠慢。身为国王的马夫，杰克当然容不得对方的这种轻视态度，于是他端着架子对铁匠说："你知道这匹马的主人是谁吗？你知道这匹战马将要立下怎样的战功吗？告诉你，这可是国王的战马，明天国王就要骑着它打败里奇蒙德伯爵。"铁匠再也不敢怠慢眼前的小马夫了，他把马牵到棚子里开始为马钉马掌。

钉马掌的工作其实很简单，这个技艺娴熟的铁匠不知道已经为多少战马钉过马掌了。但是今天,就在为国王的御用战马钉马掌的这一刻,他却为难了,原来他手中的铁片不够了。于是他告诉马夫需要等一会儿,自己要到仓库中寻找一些能用于钉马掌的铁片。可是马夫杰克却很不耐烦,他说:"我可没有那么多时间等你,里奇蒙德伯爵率领的军队正在一步一步地向我们逼近,耽误了战斗,无论是你还是我都承担不了这个责任。"看到铁匠愁眉苦脸的样子,他又说:"你可以随便找其他的一些东西来代替那种铁片吗?难道在你偌大个铁匠铺里就找不到这样一些东西吗?"杰克的话提醒了铁匠,他找到一根铁条,当铁条被横截之后,正好可以当成铁片用。

铁匠将这些铁片一一钉在了战马的脚掌上,可是当他钉完第三个马掌的时候,他发现又有新问题出现了——这一次是钉马掌用的钉子用完了,这不能怪铁匠储备的东西不够丰富,实在是战争中需要用的铁制工具太多了。铁匠只好再次请求马夫再等一会儿,等自己砸好铁钉再把马掌钉好。马夫杰克实在是等不及了,让铁匠再将就一下,铁匠告诉他恐怕会不牢固,但马夫坚持不愿意再等了。这匹战马就这样带着一个缺少了钉子的马掌离开了铁匠铺,载着国王冲到了战斗的最前沿。

最后的结果就如同那首歌谣唱的那样,国王在骑着战马冲锋的时候,没有钉牢的马掌忽然掉落,战马随即翻倒,国王滚下马鞍被伯爵的士兵活活擒住,这场战役以国王的彻底失败而告终。

西班牙有句谚语:怠小事者,必失大事。

很多人对小事视若无睹,并堂而皇之地美其名曰"不拘小节"。但是要知道"差之毫厘,谬之千里",一个不把小事看在眼里、记在心上的人,觉得自己高瞻远瞩,运筹帷幄,殊不知,一个个失败的隐患早已潜藏在他的身边。

纵观历史,诸多的伟人都是从关注小事的修炼中,为以后成就大事打下坚实的基础。平凡的我们也要明白,并非只有大事情才会造成大影响,取得大成就,小事同样可以。悉心对待一点一滴的小事,它们也会给你带来意想不到的大收获。

参考文献

[1] 郑建斌.穷人,你在忙什么[M]. 北京:中国纺织出版社,2007.

[2] 张奇汉.做人 18 大处世之道[M]. 北京:中国纺织出版社,2004.

[3] 吴甘霖.方法总比问题多[M]. 北京:机械工业出版社,2005.

[4] 李欣频.十四堂人生创意课[M]. 北京:电子工业出版社,2008.